U0314092

嵌入式系统开发技术与实践教程
——基于国产双椒派飞腾 E2000 开发板

崔 剑 孙 钰 刘小波 钱程东 编著

北京航空航天大学出版社

内容简介

目前国产化替代对人才需求巨大,而培养信创人才的实战型教材短缺。本书基于飞腾嵌入式处理器的全流程软件开发,介绍了国产处理器头部企业飞腾信息的主力产品 E2000 系列,该处理器在嵌入式的国产化替代领域应用广泛。全书共分 6 章,内容为飞腾嵌入式系统开发基础、操作系统的构建和更新、Linux 驱动开发基础、基于飞腾 CPU 的接口开发基础、基于飞腾 CPU 的接口开发综合实验、基于飞腾 CPU 的人工智能应用案例。

本书作为信创 ARM 嵌入式教材,以理论结合实验的方式,通过多个实验详细讲解了飞腾嵌入式 CPU 的开发应用方法,实战性强,既可作为本科学生、高职学生的教材,也可为一线工程师提供相关技术参考,社会价值及市场价值显著。

图书在版编目(CIP)数据

嵌入式系统开发技术与实践教程 : 基于国产双椒派
飞腾 E2000 开发板 / 崔剑等编著. -- 北京 : 北京航空航
天大学出版社,2025. 1. -- ISBN 978 - 7 - 5124 - 4620 - 5

Ⅰ. TP332. 021

中国国家版本馆 CIP 数据核字第 2025YG1723 号

嵌入式系统开发技术与实践教程——基于国产双椒派飞腾 E2000 开发板

崔 剑 孙 钰 刘小波 钱程东 编著

策划编辑 杨晓方 责任编辑 刘晓明 刘桂艳

*

北京航空航天大学出版社出版发行

北京市海淀区学院路 37 号(邮编 100191) http://www.buaapress.com.cn
发行部电话:(010)82317024 传真:(010)82328026
读者信箱:copyrights@buaacm.com.cn 邮购电话:(010)82316936
北京时代华都印刷有限公司印装 各地书店经销

*

开本:787×1 092 1/16 印张:12.25 字数:314 千字
2025 年 6 月第 1 版 2025 年 6 月第 1 次印刷
ISBN 978 - 7 - 5124 - 4620 - 5 定价:89.00 元

前　言

本书介绍了基于飞腾嵌入式处理器的全流程软件开发,共分6章,内容为飞腾嵌入式系统开发基础、操作系统的构建和更新、Linux驱动开发基础、基于飞腾CPU的接口开发基础、基于飞腾CPU的接口开发综合实验、基于飞腾CPU的人工智能应用案例。

第1章讲解信创生态、嵌入式系统开发流程、双椒派开发板和实验箱结构与功能,以及开发使用飞腾需要的软件和硬件工具,使读者能够快速上手开发使用该实验学习系统。

第2章讲解飞腾CPU的启动过程、内核裁剪配置、系统定制与构建,使读者能够快速制作定制化的嵌入式Linux操作系统。

第3章讲解Linux系统的系统调用和I/O编程、驱动开发原理和调用接口,使读者能够掌握嵌入式Linux全栈开发技术。

第4章讲解飞腾CPU的SYSFS虚拟文件系统、设备树和CPU接口的访问方式,并以GPIO、PWM实验,使读者加深理解基于SYSFS和设备树的驱动程序开发技术。

第5章讲解飞腾CPU的通信接口的使用和驱动开发方法,基于双椒派外设实验箱讲解UART、I2C和SPI接口的编程方法,并以测距、测温、测光、显示等4个综合实验,为读者应用飞腾CPU的通信接口提供详细讲解,使读者能够全面掌握飞腾CPU的使用,为深度应用飞腾国产嵌入式平台提供支撑。

第6章讲解基于飞腾CPU的人工智能开发,介绍深度学习的环境搭建、图片分类推理技术和实验、目标检测推理技术和实验,通过理论和实验相结合的方式,使读者能够快速掌握基于国产处理器平台的人工智能模型应用、部署技术。

目前国产化替代工作对人才需求巨大,而培养信创人才的实战型教材短缺。本书介绍了国产处理器龙头企业飞腾信息的主力产品E2000系列,该处理器在嵌入式的国产化替代领域应用广泛。本书作为信创ARM嵌入式教材,以理论结合实验的方式,通过多个实验详细讲解了飞腾嵌入式CPU的开发应用方法,实战性强,既可作为本科学生、高职学生的教材,也可为一线工程师提供相关技术参考,社会价值及市场价值显著。

在此,感谢2024年教育部第一批产学合作协同育人项目——基于飞腾派的信创特色系列核心课程教材建设(231103428023619)的支持。

感谢学生单琪、王嘉铭、刘建华等在本书编写过程中所给予的帮助。教材写作过程中得到了飞腾信息技术有限公司各级领导的大力支持,在此一并表示感谢!限于作者水平,书中难免存在疏漏及不足之处,敬请广大读者提出宝贵意见。

本书配套的网络资源可发邮件到 cuijianw@buaa.edu.cn 申请获取。

作 者

2024 年 12 月

技术术语对照表

缩　写	英文全称，中文全称
ACK	Acknowledge，应答
A/D	Analog – to – Digital，模拟转数字
ADC	Analog – to – Digital Converter，模/数转换器
AI	Artificial Intelligence，人工智能
API	Application Programming Interface，应用程序编程接口
APT	Advanced Package Tool，高级包工具
Arch	Architecture，硬件架构相关代码
ARM	Advanced RISC Machines，精简指令集计算机
AUX	Auxiliary，辅助信号
BIOS	Basic Input/Output System，基本输入/输出系统
BSP	Board Support Package，板级支持包
BT	Bluetooth，蓝牙
CANBUS	Controller Area Network Bus，控制器局域网总线
CAN – FD	Controller Area Network Flexible Data – Rate，控制器局域网灵活数据速率
CD	Compact Disc，光盘
CKE/CPHA	Clock Edge，时钟相位
CKP/CPOL	Clock Polarity，时钟极性
CNN	Convolutional Neural Network，卷积神经网络
CPU	Central Processing Unit，中央处理器
CS	Chip Select，芯片选择
DAC	Digital – to – Analog Converter，数/模转换器
D/A	Digital – to – Analog，数字转模拟
DD	Device Driver，设备驱动程序
DDR	Double Data Rate，双倍数据速率

缩　写	英文全称，中文全称
DMA	Direct Memory Access，直接内存访问
DP	DisplayPort，显示端口
DVD	Digital Versatile Disc，数字视频光盘
ELF	Executable and Linkable Format，可执行与可链接格式
eMMC	Embedded MultiMediaCard，嵌入式多媒体卡
ESD	Electrostatic Discharge，静电放电
FAT	File Allocation Table，文件分配表
FIFO	First – In – First – Out，先进先出
FSG	Free Standards Group，自由标准组织
GIC	Generic Interrupt Controller，通用中断控制器
GND	Ground，地
GPIO	General – Purpose Input/Output，通用输入/输出
GPU	Graphics Processing Unit，图形处理单元
GRUB	Grand Unified Bootloader，统一引导加载程序
HBR	High Bit Rate，高比特率
HDMI	High – Definition Multimedia Interface，高分辨率多媒体接口
HW	Hardware，硬件
I2C	Inter – Integrated Circuit，集成电路互连，总线接口
I2S	Integrated Interchip Sound，集成芯片间音频接口
IDE	Integrated Development Environment，集成开发环境
I/O	Input/Output，输入/输出
IPC	Inter – Process Communication，进程间通信
IPEX	Interconnecting Precision EXchange，精密互联交换连接器
IP	Internet Protocol，因特网协议
IRQ	Interrupt Request，中断请求
ISP	In – System Programming，在系统烧写
JTAG	Joint Test Action Group，联合测试行动小组
KVM	Kernel – based Virtual Machine，基于内核的虚拟机
LCD	Liquid Crystal Display，液晶显示屏

缩　写	英文全称，中文全称
LDO	Low Dropout Regulator，低压差线性稳压器
LED	Light‐Emitting Diode，发光二极管
LILO	Linux Loader，Linux 引导加载程序
LTS	Long Term Support，长期支持
LVCMOS	Low Voltage CMOS，低电压互补金属氧化物半导体
MAC	Media Access Control，媒体访问控制
MicroSD	Micro Secure Digital，微型安全数字卡
mini‐DP	Mini DisplayPort，迷你显示端口
MIO	Multi‐Input Output，多输入/输出
MIPS	Microprocessor without Interlocked Pipeline Stages，无互锁流水线微处理器架构
MISO	Master Input Slave Output，主机输入，从机输出
MMC	MultiMediaCard，多媒体卡
MM	Memory Management，内存管理
MOSI	Master Output Slave Input，主机输出，从机输入
MSB	Most Significant Bit，最重要位
NACK	Not Acknowledge，非应答
NFS	Network File System，网络文件系统
NTFS	New Technology File System，新技术文件系统
NVME	Non‐Volatile Memory Express，非易失性存储器快速通道
OLED	Organic Light‐Emitting Diode，有机发光二极管
OSDL	Open Source Development Lab，开放源码发展实验室
OS	Operating System，操作系统
OTG	On‐The‐Go，即插即用
PBF	Processor Base Firmware，处理器基础固件
PCA	Principal Component Analysis，主成分分析
PCB	Printed Circuit Board，印刷电路板
PCIE	Peripheral Component Interconnect Express，外设组件互连快速通道
PC	Personal Computer，个人计算机
PHY	Physical Layer，物理层

续表

缩　写	英文全称，中文全称
PM	Process Management，进程管理
POSIX	Portable Operating System Interface，可移植操作系统接口
PWM	Pulse Width Modulation，脉宽调制
QSPI	Quad Serial Peripheral Interface，四路串行外设接口
RGB	Red Green Blue，红绿蓝
RX	Receive，接收
SATA	Serial Advanced Technology Attachment，串行高级技术附件
SCI	System Call Interface，系统调用接口
SCLK/SCK	Serial Clock，串行时钟信号
SCL	Serial Clock Line，串行时钟线
SDA	Serial Data Line，串行数据线
SDK	Software Development Kit，软件开发工具包
SFW	System Firmware，系统固件
SGMII	Serial Gigabit Media Independent Interface，串行千兆媒体独立接口
SIFT	Scale – Invariant Feature Transform，尺度不变特征变换
SOTA	State of the Art，最先进技术
SPI	Serial Peripheral Interface，串行外设接口
SURF	Speeded – Up Robust Features，加速稳健特征
SYSFS	System File System，系统文件系统
TFTP	Trivial File Transfer Protocol，简易文件传输协议
TF	TransFlash，微型存储卡
TTL	Transistor – Transistor Logic，晶体管-晶体管逻辑
TX	Transmit，发送
UART	Universal Asynchronous Receiver/Transmitter，通用异步收发传输器
UDP	User Datagram Protocol，用户数据报协议
UEFI	Unified Extensible Firmware Interface，统一可扩展固件接口
USB	Universal Serial Bus，通用串行总线
VFS	Virtual File System，虚拟文件系统
VGA	Video Graphics Array，视频图形阵列
Wi-Fi	Wireless Fidelity，无线保真
WSL	Windows Subsystem for Linux，Windows 子系统 Linux

目　　录

第1章 飞腾嵌入式系统开发基础

1.1 飞腾 CPU 及双椒派介绍

本节主要介绍双椒派实验系统的概况,双椒派实验板的硬件资源以及双椒派开发系统的使用方法。通过本节的学习,能够掌握与双椒派开发板相关的基本知识。

1.1.1 双椒派实验系统概况

双椒派开发板是基于飞腾 E2000D 处理器的开发板,主要面向教育领域,在有限的成本下提供尽量丰富的功能。CPU 内含一个当前主流的 ARM V8 内核,主频达到 1.5 GHz,内存 4 GB,并且具有 USB 2.0、以太网等高速接口,GPIO、UART、I2C、SPI 等常见低速接口,低速接口所在的 40 - Pin 连接器与树莓派基本兼容,以便于利用现有的外设扩展模块。本开发板还有采用飞腾 E2000S 处理器的型号,外形与本板相同,CPU 采用单核型号,功耗更低。本开发板的技术指标如表 1 - 1 所列。

表 1 - 1 双椒派开发板性能指标

参数名称	参数值
	E2000D
CPU	ARM V8 双核 1.5 GHz
内存	DDR4 4 GB
FLASH	SPI FLASH 16 MB
存储卡	TF(MicroSD) 卡插座
通用 I/O	40 - Pin 通用连接器,包括 3 个 SPI 接口 ,4 个 UART 串口(其中两个与 I2C 复用),2 个 I2C 接口 ,2 路 PWM 输出,24 个 GPIO 接口(与前述接口复用),5 V 电源,3.3 V 电源
以太网口	10/100/1 000 兆以太网,RJ45 接口。第二网口从 SATA 插座引出,与 SATA 接口复用
Wi-Fi/蓝牙	通过 USB 信号连接 Wi-Fi/蓝牙适配器提供,选配
USB 3.0	USB 3.0 Type - A 接口 2 个。2 路 PCIE Gen3 x1 接口通过 USB 3.0 插座复用
USB 2.0	USB 2.0 OTG Type - A 接口 2 个

参数名称	参数值	
	E2000D	
SATA	SATA 3.0 接口	
CANBUS	CAN-FD 接口 2 个,采用针座	
JTAG	JTAG 测试焊盘	
音频输出	I2S 双声道 音频输入、输出,采用针座	
电源输入	5.5×2.5 圆插座	
功耗	<15 W	
电源	5 V/3 A(不包含外接 USB 设备功耗)	
板卡尺寸	113 mm×72 mm×20 mm	
重量	—	
工作温度	0~70 ℃	
存储温度	-10~80 ℃	

为了保证开发工作的正常进行,实验箱还提供了支撑开发必要的电源和存储卡等部件,实验箱提供的所有开发部件清单如表 1-2 所列。

表 1-2　双椒派实验箱开发组件清单

编　号	设备或部件	数　量
1	开发板	1 块
2	5 V/3 A 电源适配器,5.5×2.5 圆口电缆	1 条
3	MMC 卡 32 GB,带操作系统(选配)	1 个
4	双椒派 E2000D 开发板使用说明书	1 份

1.1.2　双椒派实验板硬件资源

双椒派开发板的原理框图如图 1-1 所示。

1. 整体结构和功能

(1) CPU 和存储

双椒派开发板以 E2000D CPU 为核心,配备了 2 颗 DDR4 内存芯片作为主存储器,用于运行程序,内存容量为 4 GB。板上提供 1 片 16 MB 容量的 SPI 接口 NOR FLASH 用于存储启动程序/操作系统,FLASH 芯片支持 QSPI 模式,启动速度较快。如果操作系统比较大,超出了 FLASH 的容量,则可以存放到 U 盘或者 TF 卡中。CPU 首先从 FLASH 启动操作系统,也可以从 FLASH 启动 U-Boot 后再加载 U 盘上的操作系统,甚至 CPU 可以直接从 U盘或 TF 卡启动。

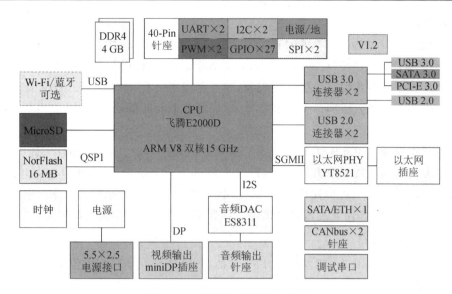

图 1-1　双椒派开发板原理框图

(2) 电源和时钟

开发板上的数字电路如 CPU 等,需要提供工作时钟和电源,开发板上设有相应时钟和电源电路。时钟电路负责为 CPU 提供 50 MHz 系统时钟和 100 MHz 高速接口时钟等。电源电路负责从电源接口或者 40-Pin 插座输入的 5 V 电源转换为 0.8 V、1.2 V、1.8 V、2.5 V、3.3 V 等各种电压,供给 CPU 和板上芯片。

(3) 高速接口

本板带有 2 个 USB 3.0 接口,以 Type-A 插座形式引出。USB 3.0 接口可通过修改软件配置为 PCI-E 3.0×1 lane 信号,如果将接口通过转接板转为 PCI-E、M.2、Mini-PCIE 等形式的插槽后,可连接显卡、人工智能加速卡、固态硬盘等设备。还可通过修改软件配置为 SATA 3.0 接口,连接硬盘。

本板还有 3 个 USB 2.0 接口,其中 2 个从 USB2.0 Type-A 插座引出,支持 OTG;1 个没有引出到板上连接器,而是通过电路板的信号线连接内置的 Wi-Fi/蓝牙模块。

本板有 1 路以太网接口,以 RJ45 网口插座形式引出,支持 10/100/1 000 兆自适应,CPU 内置以太网 MAC 功能,以太网物理层接口芯片(PHY 芯片)由外置单独芯片提供。

本板有 1 个 SATA 连接器,可以连接 SATA 接口的硬盘。本板没有提供硬盘的电源,如果需要使用硬盘设备,则需要用户自行为硬盘供电。SATA 信号还可以通过修改软件配置为 SGMII 接口,通过外部连接一个以太网 PHY 芯片,可以扩展出第二路以太网。

(4) 视频音频输出接口

本板支持 1 路 DisplayPort 视频输出,附带音频信号输出,插座形式为 Mini-DP。支持 DisplayPort 1.4 / Embedded DisplayPort 1.4 协议,支持音频输出。在 DP 接口运行在最高链路速度 HBR2(5.4 Gb/s)的情况下,支持最大分辨率 1 920×1 080,60 Hz,实际应用中由于受到板材和电缆质量等影响,链路速度降低到 HBR1,则无法达到上述分辨率。建议通过电缆直连支持 DP 接口的显示器,如果通过转换器转成 HDMI,则可能出现不兼容无显示的情况。

(5) 低速接口

本板的低速接口包括 1 个单独的三线调试串口,40 - Pin 针座中包含 1 个普通三线串口,还有 2 个串口和 2 个 I2C 接口、2 个 SPI 接口、3 个脉宽调制(PWM)信号输出、27 个 GPIO 信号。因为存在多个信号共用一个引脚的现象,这些信号并不能同时使用。E2000 处理器提供了 MIO 控制器,可以配置成串口或者 I2C 口,本板的 2 个串口和 I2C 复用接口就是由 MIO 控制器提供的。

低速信号所在 40 - Pin 连接器还有 5 V 电源输入/输出,3.3 V 电源输出、地引脚。其中 5 V 电源引脚直接与电源插座并联,在从圆口电源插座供电的情况下,可以向外输出 5 V 电源。如果开发板的 5 V 电源功耗较大,比如 USB 口挂接了移动硬盘等大功率设备,则还可从 40 - Pin 插座的 5 V 引脚向开发板辅助供电。低速接口的详细定义见接口定义。

(6) MicroSD 卡接口

本板有一个 MicroSD 卡(或者称为 TF 卡)插座,支持 SD 3.0 协议,用于连接存储操作系统的 MicroSD 卡引导。

(7) 音频输出接口

本板含有一个音频数/模转换器(DAC),支持双声道音频输出和话筒输入,为了节约 PCB 面积引出了针座,没有采用传统的 3.5 mm 插座。音频 DAC 芯片的型号是 ES8311。

2. 主要硬件接口定义

双椒派实验箱采用 CPU 核心板和底板组合的方式提供实验支持,其中 CPU 核心板主要包括飞腾 E2000 的 CPU 和 CPU 需要连接的内存、FLASH、USB、以太网、显示接口 DisplayPort 等高速总线设备和接口,实验底板连接 LED 灯、电机、舵机、各种传感器等低速设备,两者之间采用 40 - Pin 双排插座进行信号连接,采用这种连接方式可以方便地根据实验需要在底板上扩展实验模组,具有更大的灵活性。

双椒派 CPU 核心板的对外接口分布如图 1 - 2 所示。

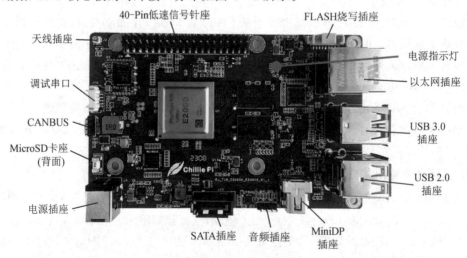

图 1 - 2　双椒派开发板对外接口

双椒派实验箱底板的对外接口如图 1 - 3 所示。

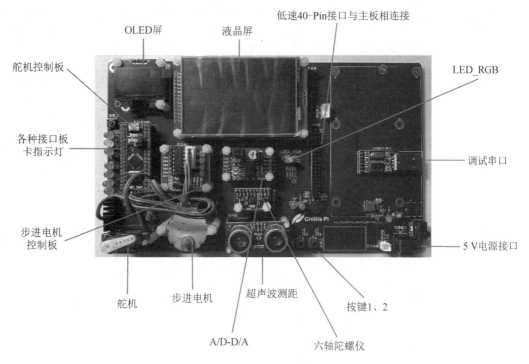

图 1 - 3 双椒派实验箱底板的对外接口

接下来简述各接口的主要功能和接线定义,方便读者在实验时查阅。

(1) 40 - Pin 低速接口

所有低速接口合并成一个 40 - Pin 双排针插座,插座间距 2.54 mm,用来连接 CPU 核心板和实验底板。其引脚分配与两侧固定孔的位置都尽量和树莓派保持兼容。连接器第一引脚的位置如图 1 - 4 所示,电路板丝印上有三角标识所指向的引脚即是第一引脚,其中上排引脚均是偶数编号的引脚,下排均是奇数编号的引脚。引脚编号示意图如图 1 - 4 所示。

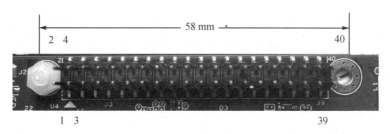

图 1 - 4 40 - Pin 低速接口引脚顺序图

40 - Pin 插座在电路板上印刷的元件编号为 J44,其引脚分配如表 1 - 3 所列,引脚名即所连接 CPU 的信号名称,表中列出该引脚的所有复用的功能,一些开发板用到的特殊功能用彩色字体标出,相同功能的接口颜色相同,以便于识别。

表 1-3　40-Pin 低速连接器引脚定义和功能分类表

引脚号	树莓派引脚名	双椒派引脚名
1	3.3 V VDC	3.3 V 输出
2	5.0 VDC	5 V 输出/输入
3	GPIO2/I2C0_SDA1	NF_RB_N1/JTAGM_TDO/MIO9_B/LBC_RB_N3/GPIO5_1
4	5.0 VDC	5 V 输出/输入
5	GPIO3/I2C0_SCL1	NF_CE_N1/JTAGM_TDI/MIO9_A/LBC_RB_N2/GPIO5_0
6	GND	GND
7	GPIO4/GPCLK0	NF_DATA4/SPIM0_CSN2/LBC_CLK/GPIO4_11
8	GPIO14/UART_TxD	SE_GPIO9/PWM1/GPIO0_15
9	GND	GND
10	GPIO15/UART_RxD	UART2_RXD
11	GPIO17	LBC_ALE/RGMII0_TXD0/SPIM3_SCLK/GPIO5_12
12	GPIO18/PWM/SPI1_CE0	UART2_TXD/PCIE0_PRSNT2/SPIM2_CSN3/GPIO3_0
13	GPIO27	LBC_CS_N0/RGMII0_TXD1/SPIM3_TXD/GPIO5_13
14	GND	GND
15	GPIO22	LBC_CS_N1/RGMII0_RXD0/SPIM3_RXD/GPIO5_14
16	GPIO23	NF_REN_WRN/SD0_DATA6/LBC_CS_N6/GPIO4_4
17	3.3 V VDC	3.3 V 输出
18	GPIO24	NF_DATA2/SPIM0_CSN0/LBC_PAR0/GPIO4_9
19	GPIO10/SPI0_MOSI	SPIM2_TXD/MDIO1/LBC_RB_N5/GPIO3_4
20	GND	GND
21	GPIO9/SPI0_MISO	SPIM2_RXD/MDC0/LBC_CS_N4/GPIO3_5
22	GPIO25	NF_CLE/SD0_DATA7/LBC_CS_N7/GPIO4_5
23	GPIO11/SPI0_SCLK	SPIM2_SCLK/SPIS_SCLK/TACH11/MDC1/GPIO3_3
24	GPIO8/SPI0_CE0	SPIM2_CSN0/MDIO0/LBC_CS_N5/GPIO3_6
25	GND	GND
26	GPIO7/SPI0_CE1	UART2_RTS_N/PCIE0_PRSNT3/SPIM2_CSN1/MIO10_B/GPIO3_2
27	GPIO0/I2C_ID_SDA0	SE_GPIO26/MIO6_B/GPIO2_4
28	GPIO1/I2C_ID_SCL0	SE_GPIO25/MIO6_A/GPIO2_3
29	GPIO6/GPCLK1	NF_WEN_CLK/SD0_DATA5/LBC_RB_N7/GPIO4_3
30	GND	GND
31	GPIO6/GPCLK2	SD0_CLK/GPIO4_1
32	GPIO12/PWM0	SE_GPIO11/PWM2/GPIO1_1
33	GPIO13/PWM1	SE_GPIO7/PWM0/GPIO0_13

引脚号	树莓派引脚名	双椒派引脚名
34	GND	GND
35	GPIO19/PWM1/SPI1_MISO	NF_DATA1/SD0_WP_N/SPIM0_RXD/LBC_WE_N1/GPIO4_8
36	GPIO16/SPI1_CE1	NF_DATA3/PCIE1_PRSNT/SPIM0_CSN1/LBC_PAR1/GPIO4_10
37	GPIO26	NF_DATA5/PCIE2_PRSNT/SPIM0_CSN3/LBC_CS_N2/GPIO4_12
38	GPIO20/GPIO20_MOSI	NF_DATA0/SD0_VOLT1/SPIM0_TXD/LBC_WE_N0/GPIO4_7
39	GND	GND
40	GPIO21/SPI1_SCLK	NF_ALE/SPIM0_SCLK/LBC_BCTL/GPIO4_6

注意：GPIO 插座与 CPU 之间没有静电防护器件（ESD），所以应避免带电热插拔外设，以免损坏 CPU 的信号引脚。

（2）FLASH 烧写插座

板上预留了 8 个规格为 PH 2.0 的连接器用于烧写 FLASH 芯片，通过简单地把 FLASH 芯片的全部 8 个引脚引出，可以连接到支持"在系统烧写（ISP）"功能的编程器，其外形如图 1-5 所示。

FLASH 烧写连接插座信号定义表如表 1-4 所列。

8   1
图 1－5 FLASH 存储器烧写
信号连接器

表 1－4 FLASH 烧写连接插座信号定义表

引脚编号	引脚名称	功能描述
1	CS#	片选，低电平有效
2	SO/IO1	串行输出或者 IO1
3	WP/IO2	写保护或者 IO2
4	VSS	GND
5	SI/IO0	串行输入或者 IO0
6	SCK	串行时钟
7	IO3/RST#	复位或者 IO3
8	VDD	3.3 V 电源

（3）以太网插座

以太网插座是标准的 RJ45 连接器，连接双绞线网线，引脚分配这里从略；元件编号 J4，其外形如图 1-6 所示。

（4）USB 3.0 插座

USB 3.0 插座提供标准的 USB 3.0 信号，兼容 USB 2.0 信号，USB 3.0 信号可配置为 PCI－E 信号。该连接器是上下重叠的双 USB 口，每个口对应 USB 3.0 的 9 个信号线，其外形如图 1-7 所示。

本插座元件编号为 J5,采用 TXGA 公司的 FUS327 – FDBU1K 连接器,引脚定义如表 1 – 5 所列。

图 1 – 6 以太网 RJ45 连接器外形图

图 1 – 7 USB 3.0 连接器外形图

表 1 – 5 J5 插座信号功能表

引脚编号	引脚名称	功能描述
1	VBUS	电源
2	D−	USB 2.0 数据
3	D+	
4	GND	GND
5	StdA_SSRX−	U3P0_RXN 或 PCIE2_RXN
6	StdA_SSRX+	U3P0_RXP 或 PCIE2_RXP
7	GND_DRAIN	GND
8	StdA_SSTX−	U3P0_TXN 或 PCIE2_TXN
9	StdA_SSTX+	U3P0_TXP 或 PCIE2_TXP
10	VBUS	电源
11	D−	USB 2.0 数据
12	D+	
13	GND	GND
14	StdA_SSRX−	U3P1_RXN 或 PCIE1_RXN
15	StdA_SSRX+	U3P1_RXP 或 PCIE1_RXP
16	GND_DRAIN	GND
17	StdA_SSTX−	U3P1_TXN 或 PCIE1_TXN
18	StdA_SSTX+	U3P1_TXP 或 PCIE1_TXP

注:此处的连接器型号可能会变更为兼容型号,不另行通知。

（5）USB 2.0 插座

USB 2.0 连接器采用标准的上下重叠标准 USB 口，只能支持 USB 2.0 和 USB 1.x 的速率，其外形如图 1-8 所示。

图 1-8　USB 2.0 连接器 J7 的外形图

本插座元件编号为 J7，采用 TXGA 公司的 FUS208 - FDBW3K 连接器，引脚定义如表 1-6 所列。

表 1-6　J7 连接器信号定义表

引脚编号	引脚名称	功能描述
1	5 V	5 V 电源输出
2	D—	USB2_P2_DM
3	D+	USB2_P2_DP
4	GND	GND
5	5 V	5 V 电源输出
6	D—	USB2_P3_DM
7	D+	USB2_P3_DP
8	GND	GND

注：此处的连接器型号可能会变更为兼容型号，不另行通知。

（6）MiniDP 插座

MiniDP 插座为标准的显示输出插座，提供视频和音频信号连接，本板包含 1 个数据 lane 和一个 AUX lane，连接器定义为标准定义，本书从略。元件编号为 J8，其外形如图 1-9 所示。

**图 1-9　MiniDP 连接器
外形图**

（7）电源输入插座

电源插座用于提供 5 V 电源，正常情况下采用 2 A 的电源即可，可以用普通的手机充电器供电。在外接大功率设备，如 USB 口的 AI 加速棒时，需要采用支持 3～4 A 电流输出的电源，元件编号为 J9。

（8）天线插座

Wi-Fi 和蓝牙（BT）模块共用一个天线插座，插座形式为 IPEX 1 代，建议使用 2.4 GHz/5.8 GHz 双频，Wi-Fi 蓝牙二合一天线。元件编号为 J2，其外形如图 1-10 所示。

(9) 音频输入/输出插针

音频信号从本板 SATA 和 mini-DP 口之间的插针引出,其包括左声道输出、右声道输出、音频输入、地 4 个信号,采用交流耦合形式,其外形如图 1-11 所示。

图 1-10 天线插座外形图　　　图 1-11 音频输入/输出插针示意图

该插针元件编号为 J11,三角形标记为第 1 引脚,引脚的定义如表 1-7 所列。

表 1-7 音频输入/输出信号定义

引脚编号	引脚名称	功能描述
1	OUT_L	左声道输出
2	OUT_R	右声道输出
3	MIC_IN	音频输入
4	GND	地

(10) CANBus

本板有两路 CANBus 接口,支持 CAN 2.0 协议和 CAN FD 协议。注意,CPU 提供了协议功能组件,但没有收发器,需要用户自己扩展,引出到板边的针座,才能连接到实际的 CAN 总线设备,其外形如图 1-12 所示。

CANBus 插座的元件编号为 J6,其第 1 引脚附近有三角形标记,该插座不提供地信号,CANBus 连接外部装置时,必须提供地信号,此时需要用户从其他插座引出地线。CANBus 连接器 J6 的信号定义如表 1-8 所列。

表 1-8 CANBus 连接器 J6 的信号定义

引脚编号	引脚名称	功能描述
1	CAN1_TX	CANBus 控制器 1,发送
2	CAN1_RX	CANBus 控制器 1,接收
3	CAN0_TX	CANBus 控制器 0,接收
4	CAN0_RX	CANBus 控制器 0,发送

(11) 调试串口

本板有一个调试串口,一般用于在显示器和网口未准备好时调试板卡。该串口采用 3.3 V LVCMOS 电平标准,习惯称为 TTL 串口,其外形如图 1-13 所示。

图 1-12 CANBus 连接器外形图　　　图 1-13 调试串口连接器外形图

调试串口的元件编号为 J70,靠近 J70 字样的引脚是 1 号引脚,引脚定义如表 1-9 所列。

表 1-9　调试串口 J70 信号定义表

引脚编号	引脚名称	功能描述
1	P3V3	3.3 V 电源输出
2	DEBUG_UART1_RXD	串口发送
3	DEBUG_UART1_TXD	串口接收
4	GND	地

1.1.3　双椒派开发系统使用方法

本小节将介绍第一次开箱使用双椒派的注意事项和准备工作,包括必要的硬件连接、软件安装等。

1. 准备工作

把开发板从防静电袋中取出,简单检查有没有松动或者掉落的器件。把开发板放置在桌面上。将 USB 转 TTL 串口线的 USB 口连接计算机,另一侧连接调试串口。

在装有 Windows 系统的计算机上执行"开始→运行→devmgmt.msc",打开设备管理器,寻找 USB 转串口设备,记下 USB-SERIAL CH340 设备后的串口号,本例中是 COM4,如图 1-14 所示。之后将核心板安装在实验箱上,拧好固定螺丝。

图 1-14　Windows 主机调试串口示意图

运行终端程序 PuTTY(https://www.putty.be/),在开始连接窗口中,先选择串口模式 "Serial",在 Serial line 一栏填入上一步发现的串口号(形式为 COMx,x 代表数字)、在 Speed 栏填入波特率"115 200",单击 Open 按钮,打开串口,PuTTY 的参数设置如图 1-15 所示。

如果开发板运行操作系统带有视频输出,则可以把 miniDP 口与带有 DP 口的显示器相连,也可以连接实验箱上自带的液晶显示器。

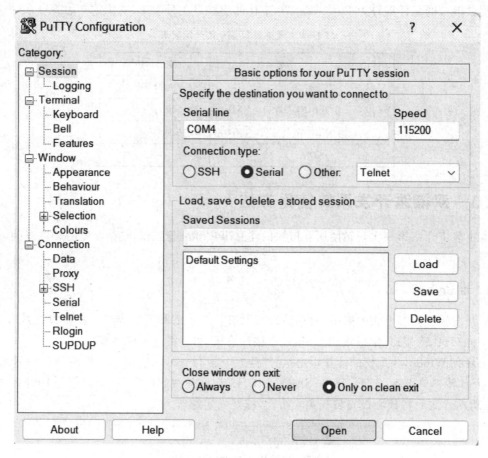

图 1-15 PuTTY 参数设置图

2. 上电启动

把圆形插头插入电源插座,把电源适配器插入交流插座,开发板上红色电源指示灯会立即点亮,串口会输出信息,依次启动 U-Boot 和操作系统。

3. 固件和操作系统烧写

开发板的启动程序存放在 FLASH 芯片中,本板使用的是 U-Boot。U-Boot 启动后可以选择启动 U 盘中的操作系统等程序,如果 U-Boot 因为升级或误操作被损坏而无法启动,则需要用编程器通过 FLASH 烧写插座烧写,支持通过电缆在系统编程(ISP)的编程器都可以实现,这里以硕飞公司的 SP16-B 或者 SP20-B 编程器举例说明烧写过程。

① 首先制作一根转接电缆,一端是 PH 2.0 8-Pin 插头,连接开发板;一端是 FC 10p 插头(俗称灰排线),连接编程器,两者的连接关系如表 1-10 所列。

实物如图 1-16 所示,在灰色排线中,有一根线的颜色和其他排线明显不同,一般是红色导线,该红色导线连接的是两端插头 1 脚。实际使用的信号线有 6 条。

表 1-10　编程器与开发板的连接关系

编程器插座	开发板插座	网　络
1		空
2	1	VCC
3	7	CS_N
4		空
5	2	SI(IO0)
6		空
7	3	SO(IO1)
8		空
9	6	SCK
10	8	GND

图 1-16　板载 FLASH 烧写电缆连接图

② 打开编程软件 FlyPRO,通过菜单"芯片 → 选择芯片",选择 Macronix 公司的 MX25L12835F [ISP],一定要选择带 ISP 字样的型号,这样才能通过电缆烧写。打开"操作→操作选项",勾选上"向目标板提供电源",电压选择"3.3 V"。因为开发板上电状态下,CPU 会访问 FLASH 芯片,这时编程会由于总线冲突而失败。所以必须断开本板的电源,改由编程器供电。

③ 确认开发板的 USB 供电插头已经断开,开发板没有上电。在编程软件中加载 U-Boot 二进制文件,选择"操作→单次烧录"开始烧写,这部分操作与用插座烧录芯片相同,但是速度更慢,整个过程大约需要 10 min。

④ 烧写成功后拔下烧写电缆,插上供电插头,给开发板上电。

1.1.4　注意事项和故障排除

1. 注意事项

开发板使用过程中,需注意以下几方面的问题:

① 防静电:人体静电会导致芯片被击穿损坏,为了防止人体静电损坏板卡,在拿取板卡前要先抚摸较大的接地金属物体(如计算机机箱、桌腿等)释放静电。有条件的最好佩戴防静电手环,并妥善接地。

② 防短路:放置开发板时,注意其下不能垫导电物体,如镀铝的袋子、螺丝帽、带金属壳的笔等。板上的线缆和连接器应注意固定,不要使裸露的金属部分触碰到电路板任意位置。

③ 防机械损伤:电路板和实验箱中的模组是精密元件,使用时轻拿轻放,要防止从桌面坠落或猛烈碰撞,连线不能拖到地面,以防被牵扯坠地。

2. 故障排除

使用过程中碰到简单的故障可以尝试自行排除,故障分为硬件故障和软件故障两种,出现故障时可参照表 1-11 对照找出故障原因。

表 1-11 故障排除

问题现象	解决方法
开发板不上电,电源指示灯不亮	触摸检查板卡是否发热,如果发现不发热,则可能没有供电。检查电源适配器(手机充电器)是否正常工作,电源线是否正常,可以尝试给手机充电或者更换其他已知正常的电源。 如果板卡发热严重,则需要返厂维修
板卡正常上电,串口无输出	使用者需分辨是完全无输出还是有输出乱码,有乱码可能是波特率设置错误,需要恢复 115 200 的波特率。如果完全无输出,则检查 TTL 转串口线是否正常,换用别的正常的线。核对 40-Pin 连接器上连接的引脚位置是否正确,发送和接收是否接反(开发板和串口线的发送、接收需交叉连接)。 尝试重新烧写 U-Boot 文件
板卡正常上电,显示器无显示	检查显示电缆是否正常,换用其他好的电缆,检查显示器的输入源选择是否正确,检查是否用了 DP 转 HDMI 或 VGA 的转接线,这些转接线可能不被支持,或者因为过热或供电不足暂停工作,需要冷却或者连接外接电源。通过串口检查操作系统是否正常引导。 检查串口是否有输出,如果有输出,那么是否运行到了初始化显示阶段以后
板卡正常上电和显示,串口输出正常,USB 口不正常	USB 口如果过流,可能会短暂停止向 USB 口供电,尝试拔掉所有 USB 口的连线,开发板断电冷却 15 min,再尝试。或者插入已知正常的优盘,尝试读取。 如果有条件,可将相同的软件拷贝到另一块开发板上测试,看是否正常
板卡正常上电和显示,串口输出正常,40-Pin 接口不正常	如果有条件,可将相同的软件拷贝到另一块开发板上测试,看是否正常。 查看 40-Pin 连接器的正面或背面是否粘上了导电碎屑导致相邻针短路

1.2　双椒派开发环境搭建

本节主要围绕双椒派开发环境进行介绍,首先介绍交叉编译环境及 Ubuntu 主机和双椒派开发板的系统设置,然后介绍如何通过串行接口访问开发板。通过本节的学习,读者应该掌握交叉编译环境相关的基础知识,并能够独立搭建双椒派开发环境。

1.2.1　交叉编译环境介绍

交叉编译系统的概念

目前,大家编写程序通常使用高级语言,如 C/C++语言、Go 语言。但是计算机真正执行的是 1 和 0 组成的指令。编译就是把高级语言变成计算机可以识别的二进制可执行程序的过程。而不同体系架构的 CPU 使用的二进制指令集是不同的,比如 x86 的指令集与 ARM 不同,通常情况下,CPU 只能运行该指令集的可执行程序,而不能执行其他指令集的可执行程序,如 ARM 的 CPU 不能执行 PC 上 x86 指令集的可执行程序,反之亦然。因而,不同 CPU 就需要有支持该 CPU 架构指令集的编译程序,将高级语言翻译成该种类 CPU 可运行的二进制可执行程序。另外,同一种 CPU 上运行的不同的操作系统,支持的可执行程序也不同,比如将 Windows 11 上的某个. exe 程序拷贝到 Linux 系统上是无法加载运行的。

若在一种计算机环境下运行的编译程序,能编译出在另外一种环境下运行的代码,则称这种编译器支持交叉编译,这个编译过程就叫交叉编译。简单地说,就是在一个平台上生成另一个平台上的可执行代码。这里需要注意的是所谓平台,参考上面的描述,实际上包含两个概念:CPU 体系结构(Architecture)与操作系统(Operating System)。同一个体系结构可以运行不同的操作系统;同样,同一个操作系统也可以在不同的体系结构上运行。举例来说,我们常说的 x86 Linux 平台实际上是 Intel x86 体系结构和 Linux for x86 操作系统的统称;而 x86 WinNT 平台实际上是 Intel x86 体系结构和 Windows NT for x86 操作系统的简称。

交叉编译这个概念的出现和流行是与嵌入式系统的广泛发展同步的。我们常用的计算机软件,都需要通过编译的方式,把使用高级计算机语言编写的代码(比如 C 代码)编译(compile)成计算机可以识别和执行的二进制代码。比如,我们在 Windows 平台上,可使用 Visual C++开发环境,编写程序并编译成可执行程序。在这种方式下,我们使用 PC 平台上的 Windows 工具开发针对 Windows 本身的可执行程序,这种编译过程称为 native compilation,中文可理解为本机编译。然而,在进行嵌入式系统的开发时,运行程序的目标平台通常具有有限的存储空间和运算能力,比如早期的 ARM 平台,其一般的静态存储空间是 16～32 MB,而 CPU 的主频在 100～500 MHz 之间。这种情况下,在 ARM 平台上进行本机编译就不太可能了,这是因为一般的编译工具链(compilation tool chain)需要很大的存储空间,并需要很强的 CPU 运算能力。为了解决这个问题,交叉编译工具就应运而生了。通过交叉编译工具,我们就可以在 CPU 能力很强、存储空间足够的主机平台上(比如 PC 上)编译出针对其他平台的可执行程序。

有时因为目标平台上不允许或不能够安装我们所需要的编译器,而我们又需要这个编译器的某些特征;有时因为目标平台上的资源贫乏,无法运行我们所需要编译器;有时因为目标平台还没有建立,连操作系统都没有,根本谈不上运行什么编译器。这些情况下要进行交叉编译,就需要在主机平台上安装对应的交叉编译工具链(crosscompilation tool chain),然后用这个交叉编译工具链编译我们的源代码,最终生成可在目标平台上运行的代码。

以图 1-17 所示的开发环境为例,主机为 x86 PC,目标机为 E2000 双椒派开发板。主机负责编译目标机运行的软件,并且通过串口与目标机在安装启动等过程中进行通信,加以控制。在 x86 Linux PC 上运行 Linux 操作系统,使用 arm-linux-gcc 交叉编译器,可编译出针对

Linux ARM 平台的可执行代码。

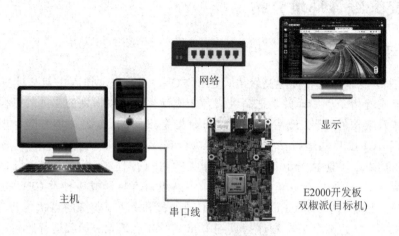

图 1 - 17　开发环境示意图

在图 1 - 17 中,主机运行 Ubuntu Linux 20.04 操作系统,操作系统安装了 gcc - arm 交叉编译器,可以编译高级语言的程序,生成可以运行在 ARM 处理器上的二进制代码。主机通过串口工具,利用主机和开发板连接的串口线,接收开发板打印的文字信息,并发送主机的命令给开发板,同时,串口工具还可以向开发板发送编译好的 ARM 平台二进制代码。

目标机即开发板,其通过串口线与主机通信,进行交互。如果开发板的固件和操作系统支持以太网,则开发板上的以太网接口也可以用来通信,在开发板运行的操作系统控制下代替串口线和局域网内的计算机进行交互,开发板一般运行定制的嵌入式操作系统,其功能比台式机的操作系统弱,开发人员去除了一些嵌入式系统不需要运行的功能组件。

下面我们将带领读者搭建开发飞腾嵌入式处理器需要的软件环境。1.2.2 小节介绍在主机安装开发使用 Ubuntu Linux 20.04 操作系统的方法,该方法基于 Windows Subsystem for Linux(简称 WSL),是一个在 Windows 10/11 上能够运行原生 Linux 二进制可执行文件(ELF格式)的兼容层。它是由微软与 Canonical 公司合作开发,其目标是使纯正的 Ubuntu、Debian等映像能下载和解压到用户的本地计算机,并且映像内的工具和实用工具能在此子系统上原生运行。1.2.3 小节介绍在 Ubuntu Linux 20.04 操作系统上安装配置交叉编译器,从而使主机可以对高级语言编译生成开发板运行的 ARM 平台二进制代码。1.2.4 小节介绍在 Ubuntu Linux 20.04 系统上配置工具,通过串口与开发板进行交互。

1.2.2　Ubuntu 20.04 Linux 主机系统设置

主机的 Ubuntu 20.04 可以直接安装在物理主机上,也可以安装在虚拟机中,为了方便,一般采用 WSL 技术,在 Windows 系统上直接安装 Linux 虚拟机。这里我们以在 Windows 10系统中安装 Ubuntu 虚拟机为例进行介绍。

1. 打开 Windows 的子系统功能(支持 Linux 系统)

在 Windows 系统上打开控制面板程序,如图 1 - 18 所示。
单击控制面板左侧的"启用或关闭 Windows 功能"选项,打开配置窗口,如图 1 - 19 所示。

图 1-18　控制面板页面

图 1-19　Windows 功能页面

选中"适用于 Linux 的 Windows 子系统"选项,单击"确定"按钮,等待 Windows 执行完安装进程,此时 WSL 功能就配置完成。接下来开始安装运行在 Windows 上的 Ubuntu Linux 20.04 系统。

2. 下载安装 Ubuntu 镜像

打开 Windows 10 的应用商店,搜索 Ubuntu 20.04 LTS,选择免费安装,按提示进行安装,并设置该系统下的用户名和密码,如图 1-20 所示。

图 1 - 20　应用商店页面

3. 更新 Ubuntu 软件源

Ubuntu 系统采用 APT 软件包系统管理软件的安装、升级、删除等操作，APT 软件包系统需要访问软件仓库镜像网站，Ubuntu 默认使用的软件仓库源是国外的，需要更换国内源，修改软件仓库源是通过修改系统下的 source.list 配置文件实现的。

首先，备份原软件源，在终端窗口运行如下命令：

```
mv /etc/apt/source.list    /etc/apt/source.list_bak
```

其次，根据清华大学开源软件站的 Ubuntu 软件源帮助手册替换软件源：https://mirror.tuna.tsinghua.edu.cn/help/ubuntu/，下面是一份配置好的 source.list 文件内容。

```
deb https://mirrors.tuna.tsinghua.edu.cn/ubuntu/ jammy main restricted universe multiverse
deb https://mirrors.tuna.tsinghua.edu.cn/ubuntu/ jammy - updates main restricted universe multiverse
deb https://mirrors.tuna.tsinghua.edu.cn/ubuntu/ jammy - backports main restricted universe multiverse
deb http://security.ubuntu.com/ubuntu/ jammy - security main restricted universe multiverse
```

最后，更新软件源，在终端窗口运行如下命令：

```
sudo apt - get update
sudo apt - get upgrade
```

更新后，Ubuntu Linux 20.04 操作系统就准备好了，之后可以在 Windows 10 的"开始"菜单中单击 Ubuntu 名称的图标，启动该系统。

1.2.3　交叉编译器安装

本小节介绍在 Ubuntu Linux 20.04 系统下安装交叉编译工具，并设置必要的启动项和环境变量。

1. 准备交叉编译工具链安装程序

交叉编译工具链安装程序的下载地址为：https://releases.linaro.org/components/toolchain/binaries/7.4-2019.02/aarch64-linux-gnu/。其目录下提供适用于多种主机操作系统的交叉编译程序，我们选择运行于 x86_64 平台也就是 64 位 Intel 平台，并且运行于 Linux 操作系统的安装软件包，其完整下载链接为：https://releases.linaro.org/components/toolchain/binaries/7.4-2019.02/aarch64-linux-gnu/gcc-linaro-7.4.1-2019.02-x86_64_aarch64-linux-gnu.tar.xz，如图 1-21 所示。

Name	Last modified	Size	License
Parent Directory			
gcc-linaro-7.4.1-2019.02-i686-mingw32_aarch64-linux-gnu.tar.xz	26-Jan-2019 00:03	351.8M	open
gcc-linaro-7.4.1-2019.02-i686-mingw32_aarch64-linux-gnu.tar.xz.asc	25-Jan-2019 06:38	97	open
gcc-linaro-7.4.1-2019.02-i686_aarch64-linux-gnu.tar.xz	26-Jan-2019 00:04	110.2M	open
gcc-linaro-7.4.1-2019.02-i686_aarch64-linux-gnu.tar.xz.asc	25-Jan-2019 06:39	89	open
gcc-linaro-7.4.1-2019.02-linux-manifest.txt	25-Jan-2019 06:39	10.1K	open
gcc-linaro-7.4.1-2019.02-win32-manifest.txt	25-Jan-2019 06:39	10.1K	open
gcc-linaro-7.4.1-2019.02-x86_64_aarch64-linux-gnu.tar.xz	26-Jan-2019 00:04	111.5M	open
gcc-linaro-7.4.1-2019.02-x86_64_aarch64-linux-gnu.tar.xz.asc	25-Jan-2019 06:39	91	open
runtime-gcc-linaro-7.4.1-2019.02-aarch64-linux-gnu.tar.xz	26-Jan-2019 00:04	6.7M	open
runtime-gcc-linaro-7.4.1-2019.02-aarch64-linux-gnu.tar.xz.asc	25-Jan-2019 06:39	92	open
sysroot-glibc-linaro-2.25-2019.02-aarch64-linux-gnu.tar.xz	26-Jan-2019 00:04	45.6M	open
sysroot-glibc-linaro-2.25-2019.02-aarch64-linux-gnu.tar.xz.asc	25-Jan-2019 06:39	155	open

图 1-21　下载交叉编译工作链

2. 安装工具链

首先选择目的安装目录，在 Linux 系统下，一般选择将自行安装、非系统自带的软件包安装于/opt 目录下，便于管理，本例中也遵守这个规则。

首先，在/opt 下创建一个 toolchain 文件夹，交叉编译器都安装在这里，运行如下命令建立编译器安装目录：

```
mkdir /opt/toolchain
```

然后，将下载的 gcc-linaro-7.4.1-2019.02-x86_64_aarch64-linux-gnu.tar.xz 复制到/opt/toolchain 目录下并解压，运行如下命令：

```
cp gcc-linaro-7.4.1-2019.02-x86_64_aarch64-linux-gnu.tar.xz /opt/toolchain
tar -xf gcc-linaro-7.4.1-2019.02-x86_64_aarch64-linux-gnu.tar.xz
```

此时，交叉编译器已经安装于/opt/toolchain 目录下，可以采用 ls 命令，查看当前目录下编译器的运行文件和库目录，如图 1-22 所示。

3. 配置工具链(环境变量)

安装好交叉编译器后，需要对主机端进行配置，使得交叉编译器可以找到对应的高级语言

```
Phytium@buaa:~$ ls /opt/toolchain
gcc-linaro-7.4.1-2019.02-x86_64_aarch64-linux-gnu
gcc-linaro-7.4.1-2019.02-x86_64_aarch64-linux-gnu.tar.xz
```

图 1 - 22　交叉编译器文件位置

库文件,交叉编译器可以由终端直接运行,在 Linux 系统下,是通过配置相应的终端环境变量实现的。首先配置交叉编译器的运行路径,其次配置交叉编译器的编译参数。

　　首先修改环境变量,在 Ubuntu Linux 的终端窗口下,打开/etc/profile 文件,命令如下:

```
vi /etc/profile
```

在文本底部增加两行代码:

```
export PATH = $ PATH:/opt/toolchain/gcc - linaro - 7.4.1 - 2019.02 - x86_64_aarch64 - linux - gnu/bin
export CROSS_COMPILE = aarch64 - linux - gnu -　//路径为交叉编译工具链绝对路径
```

保存并退出文本编辑,为了使修改过的 profile 配置文件生效,可以运行如下命令:

```
source /etc/profile
```

配置好交叉编译工具链后,还需要安装必要的工具依赖软件包,可执行如下命令:

```
sudo apt - get install debootstrap qemu - system - common qemu - user - static binfmt - support
```

此时,主机端的 Ubuntu Linux 20.04 系统已经配置好交叉编译飞腾处理器所需的交叉编译器等工具,可以编译飞腾处理器 ARM 平台的二进制可执行文件。

1.2.4　通过串行接口访问开发板

　　与 PC 不同,嵌入式开发板的人机交互功能较弱,一般情况下固件启动的过程根本不在开发板连接的显示器上显示任何内容,甚至有的开发板根本没有显示器接口,无法连接外接显示器,因此必须通过其他方法连接开发板,与其进行命令交互。常用的连接手段是通过串行接口连接主机和开发板,进行命令交互、文件传输等操作。

　　这里我们以 Ubuntu 下使用 minicom 串口软件为例,演示连接到开发板的串口,用以交互命令与文件。仅就连接开发板串口这一项功能而言,主机使用其他的系统或串口软件也是可以的,比如在 Windows 上使用 MobaXterm、PuTTY 等。

　　首先,使用串口线物理连接开发板和主机,目前大部分主机没有对外提供单独的串行接口,因此这里采用 USB 串口适配器为主机提供串口设备,将 USB 转 TTL 调试串口线连接到 Ubuntu PC 的 USB 接口,如图 1 - 23 所示。

　　将串口线的 TTL 串口端与开发板相连,串口信号由 TX(发送)、RX(接收)和地线组成。与开发板连接时,主机的 TX 接开发板的 RX 信号,主机的 RX 接开发板的 TX 信号,主机的地线与开发板地线相连。

　　检查开发板上的丝印信息,确保调试串口线连接正确,开发板的调试串口位于 40 - Pin 排插中,从右下角向左第 3 引脚是 GND,第 4 引脚是开发板的 TX 信号,第 5 引脚是开发板 RX 引脚。接线并确认开发板的 TX 连接到串口转换器的 RX 引脚,如图 1 - 24 所示。

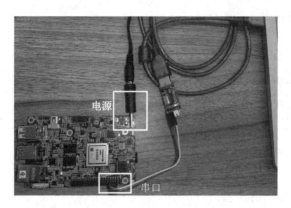

图 1-23　串口线物理连接示意图

图 1-24　串口线与开发板连接示意图

其次,安装配置 minicomc 串口工具,主机通过该工具建立和开发板的交互窗口。

登录 Ubuntu PC,键盘输入 Ctrl＋Alt＋T,弹出命令行终端,通过 apt-get 命令安装 minicom,具体如下:

```
sudo apt-get install minicom
```

安装结束后,运行 minicom 进行配置工作,执行如下命令打开 minicom 配置:

```
sudo minicom -s
```

弹出如图 1-25 所示的设置界面。

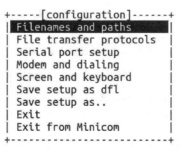

图 1-25　minicom 配置界面

使用上下键选择"Serial port setup",按 Enter 键进入串口设置。

键盘输入字符 a,修改"Serial Device"为"/dev/ttyUSB0",然后按 Enter 键保存。

键盘输入字符 f,修改"Hardware Flow Control"为"No",然后按 Enter 键保存。

配置成功后,结果如图 1-26 所示。

```
+------------------------------------------------------------+
| A -    Serial Device     : /dev/ttyUSB0                    |
| B - Lockfile Location    : /var/lock                       |
| C -    Callin Program    :                                 |
| D -   Callout Program    :                                 |
| E -     Bps/Par/Bits     : 115200 8N1                      |
| F - Hardware Flow Control : No                             |
| G - Software Flow Control : No                             |
|                                                            |
|    Change which setting? █                                 |
+------------------------------------------------------------+
        | Screen and keyboard  |
        | Save setup as dfl    |
        | Save setup as..      |
        | Exit                 |
        | Exit from Minicom    |
        +----------------------+
```

图 1-26 串口设置页面

返回主菜单,选择"Save setup as dfl"将其保存成默认配置。

最后选择"Exit from Minicom",退出 minicom,minicom 配置完毕。

连接开发板,打开 Ubuntu PC,键盘输入 Ctrl+Alt+T,弹出命令行终端,在命令行终端输入 sudo minicom,进入 minicom 界面。

需要注意的是,如果 Ubuntu PC 打印如下错误信息:

`minicom: cannot open /dev/ttyUSB0: No such file or directory`

请重新连接调试串口线到 Ubuntu PC 的 USB 接口,并检查/dev/ttyUSB * 是否与 minicom - s 配置一致。

给开发板连接电源,minicom 将有滚动输出,在操作系统正确安装的情况下可直接启动到登录界面,如图 1-27 所示。

```
[  OK  ] Reached target Network is Online.
         Starting Tool to automatic◆…mit kernel crash signatures...
[  OK  ] Started crash report submission daemon.

Ubuntu ubuntu-20.04.1
E2000-Ubuntu login:
```

图 1-27 开发板登录界面

进入操作系统登录界面,输入账号 root,密码 root,即可完成登录。

如果使用 minicom 连接开发板时出现错误,可以参考下述问题排除故障。

如果遇到串口启动无信息的问题,可以使用 minicom - s 命令检查主机串口配置是否正确。检查"Serial Device"是否与主机"/dev/ttyUSB0"一致,如果不一致,以主机/dev/ttyUSB * 为主。检查"Hardware flow Control",更改为"No"。

如果遇到串口打印信息乱码的问题,可以使用 minicom - R utf8 命令解决。

思考与练习

1. 简述双椒派开发板具有的外设资源。
2. 简述交叉编译的概念,绘制双椒派交叉编译环境各组件的关系框图。
3. 简述交叉编译工具的安装步骤。
4. 简述串口连接开发板的接线方法,串口调试工具的主要配置项。

第 2 章　操作系统的构建和更新

　　本章主要介绍操作系统的构建和更新,分为嵌入式平台的操作系统组成和功能以及嵌入式操作系统构建两部分。通过本章的学习,读者能够掌握嵌入式平台的操作系统相关理论知识,并能对嵌入式平台的操作系统构建进行实践。

2.1　嵌入式平台的操作系统组成和功能

　　本节主要介绍嵌入式平台的操作系统组成和功能,分为系统上电启动过程、操作系统的组成和安装两个小节。通过本节的学习,读者能够对嵌入式平台的操作系统有一个基本的了解,为后续构建嵌入式平台的操作系统做好铺垫。

2.1.1　系统上电启动过程

　　处理器完成正常的上电复位之后,会从 0 地址获取指令并执行,飞腾处理器固件程序通过 QSPI 接口,从 spi norflash 芯片中读取程序,如图 2-1 所示。

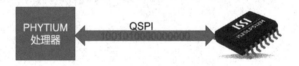

图 2-1　处理器读取程序过程

　　固件程序是处理器上电运行的第一个软件程序,完成处理器基本的硬件初始化配置,然后从存储介质加载操作系统镜像,并引导操作系统启动运行。

　　飞腾的固件组成如图 2-2 所示,分为飞腾处理器基础固件(Processor Base Firmware, PBF)和系统固件(System Firmware,SFW)两部分。其中基础固件层(PBF)是针对飞腾处理器开发的基础固件,对飞腾处理器进行基本的初始化工作,由飞腾公司开发和发布,运行在 EL3。系统固件层(U-Boot/UEFI)是负责部分外设驱动,操作系统引导,提供固件层的操作平台,运行在 Non-Secure EL2。根据应用领域不同,UEFI 多用于个人计算机、笔记本电脑或服务器,U-Boot 通常应用于嵌入式领域。

图 2-2　固件程序运行过程

2.1.2　操作系统的组成和安装

嵌入式 Linux 操作系统由 Linux 内核(Kernel)和文件系统(Filesystem)组成,其中 Linux 内核保存于文件系统中,二者相对独立。Linux 内核由启动管理器 U‑Boot 负责加载,内核加载后,CPU 及计算机系统完全由 Linux 内核接管,内核在计算机启动后一直运行,其任务主要有以下 4 个:

① 内核是硬件与软件之间的中间层。应用程序的请求通过内核传递给硬件,充当底层的驱动程序,应用程序通过内核对计算机上各种硬件设备进行访问。

② 内核抽象了计算机硬件的差异性,为应用程序提供了统一和一致的执行环境,内核隔离了软件和硬件之间的联系。举例来说,x86 编写的 Linux 程序只需要重新编译,即可运行于 ARM 体系的 Linux 系统中,不需要修改。

③ 内核管理了计算机系统的各种资源,将可用的共享资源(CPU 时间、磁盘空间、网络连接等)分配到各个系统进程,保证系统资源能够被充分利用。

④ 内核提供了一组面向系统的命令。系统调用对于应用程序来说,就像调用普通函数一样,方便应用程序对系统资源的安全使用,程序开发者不用为不同的硬件系统编写专门的代码。

Linux 系统的层次结构如图 2‑3 所示。

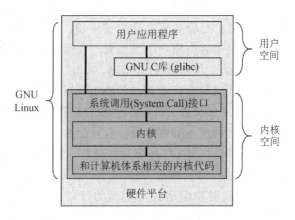

图 2‑3　Linux 系统的层次结构

Linux 系统的最上面是用户(或应用程序)空间(User Space),这是应用程序执行的地方,GNU C Library (glibc)也在这里。它提供了连接内核的系统调用接口,还提供了在用户空间应用程序和内核之间进行转换的机制。用户空间之下是内核空间(Kernel Space),Linux 内核位于这里。内核空间和用户空间的应用程序使用的是不同的保护地址空间。每个用户空间的进程都使用自己的虚拟地址空间,而内核则占用单独的地址空间。

Linux 内核可以进一步划分成 3 层。最上面是系统调用接口,它实现了一些基本的功能,例如 read 和 write。系统调用接口之下是内核代码,可以更精确地定义为独立于体系结构的内核代码,这些代码在所有 Linux 所支持的处理器体系中都是通用的,内核上两层的代码一般不需要嵌入式工程师修改。在这些代码之下是依赖于体系结构的代码,通常称为 BSP (Board Support Package)的部分,这些代码对应给定体系结构的处理器和某个特定的硬件平台,一般需要处理器厂商和嵌入式工程师修改。

Linux 内核结构示意图如图 2 - 4 所示。

Linux 内核组件由系统调用接口 SCI、进程管理 PM、虚拟文件系统 VFS、内存管理 MM、网络堆栈、硬件架构相关代码 Arch 和设备驱动程序 DD 组成,与嵌入式开发有关的主要是最后两个组件,即硬件架构相关代码 Arch 和设备驱动程序 DD。

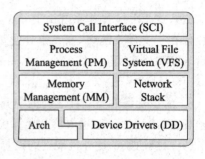

图 2 - 4　Linux 内核结构示意图

虽然 Linux 内核已经在很大程度上优化为独立于硬件体系运行,但是有些代码必须考虑硬件体系结构的差异而进行优化,才能正常操作并实现更高的效率。Linux 源码目录中的 arch 子目录中定义了内核源代码中依赖于体系结构的部分,包含了特定硬件体系结构的子目录,如我们常用的台式计算机上使用的 Linux 系统的体系结构子目录在 x86 目录中,这些代码组成了 BSP。

Linux 支持大量外部设备,保证在运行 Linux 系统的计算机中插入设备时不需要单独提供设备驱动程序,可以直接被操作系统识别并正确工作。早期的 Linux 内核将所有支持的设备驱动程序都包含进内核文件中,随着设备种类的逐渐增多,这种方式会导致内核文件变得非常臃肿,所以逐渐被废弃。现在的 Linux 内核采用动态机制,支持动态加载或删除内核模块组件,内核的模块可以是某些软件功能组件,如网络协议组件;也可以是设备驱动程序。在嵌入式开发中,工程师经常设计和编写的是设备驱动的内核模块。内核模块可以在内核引导时根据需要自动加载,也可以在系统启动后由用户手工加载。在运行的操作系统中,内核模块放置在根文件系统的/lib/modules 目录下,以 . ko 后缀结尾。

PC 台式机的硬件设备具有严格的设计规范,PC 的 Linux 操作系统通过硬件设备支持的自动配置协议识别连接计算机的硬件设备,并匹配相应的内核模块,支持硬件设备在系统中发挥作用。在嵌入式系统中,缺乏这种规范的硬件设备自动配置协议,嵌入式系统中包含哪些硬件设备往往由工程师自行决定。同时,与 PC 外部设备规范性强不同,相同体系结构的嵌入式设备往往连接的外部设备千差万别,例如使用飞腾 E2000 处理器的硬件设备种类繁多,外设也各有不同,因此对 Linux 内核识别和驱动这些不同的硬件设备带来相当大的挑战。早期 Linux 内核采用的方法是为每一种硬件系统都提供独立的代码进行驱动。显而易见,对于嵌入式系统,一个 CPU 系统就有大量的相似代码与其对应,这会导致内核非常庞大和臃肿。现代 Linux 系统已经采用一种新的代码描述方法来应对这种场景,这种方法称为设备树(Device Tree)。简单说,设备树是描述计算机特定硬件设备信息的数据结构,以便于操作系统的内核可以管理和使用这些硬件,包括 CPU、内存、总线和其他外设。设备树可以是静态的,其存储于嵌入式系统的 FLASH 存储器中,和内核一起被引导管理器 U - Boot 加载。

Linux 内核从 3. x 版本之后开始支持使用设备树,实现驱动代码与设备的硬件信息相互的隔离,减少了代码中的耦合性,通过设备树对硬件信息的抽象,驱动代码只要负责处理逻辑,而关于设备的具体信息则存放到设备树文件中,这样,如果只是硬件接口信息的变化而没有驱动逻辑的变化,开发者只需要修改设备树文件信息,不需要改写驱动代码。图 2 - 5 显示了设备树的逻辑结构,在设备树中,所有设备都是以系统总线(Platform Bus)为树干,系统总线的分支对应不同的硬件总线类别,每个分支又对应该总线在电路板上的实际总线控制器,总线控制器上的分支对应连接在总线上的硬件设备。采用这个结构,Linux 内核可以用最简明的方式,抽象硬件设备中的公共信息,减少描述硬件设备的冗余代码。

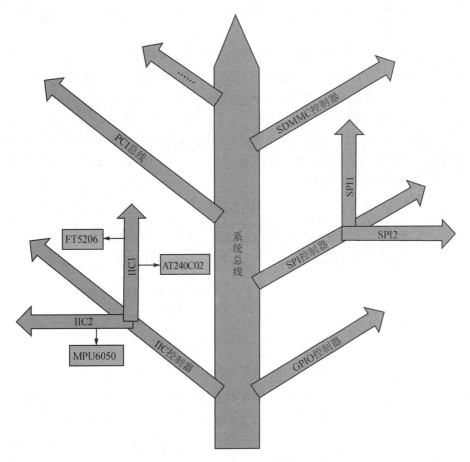

图 2 - 5　设备树的逻辑结构

设备树文件与高级语言程序(如 C 语言)类似,也是分为设备树源文件.dts、设备树头文件.dtsi 和设备树二进制文件.dtb。简单说,设备树文件中硬件信息存储于多个.dts 文件中,每一款硬件可以单独写一份.dts 文件,硬件设备中的公共配置可以放置于头文件.dtsi 中,这样通过包含公共文件,每个.dts 文件只包含该硬件不同的描述部分,设备树源文件存在于 Linux 内核代码目录的 arch 子目录中,与硬件体系相关,如 arm 架构可以在 arch/arm/boot/dts 找到相应的 dts。另外,mips 则在 arch/mips/boot/dts,powerpc 在 arch/powerpc/boot/dts。描述某个具体开发板的一组 dts 文件,最终通过设备树编译工具 dtc 的编译,生成一个适配当前硬件系统的二进制 dtb 文件,该文件和内核文件一起通过启动管理器 U - Boot 加载,内核就可以识别出当前开发板所有的硬件设备,从而匹配和加载对应的内核模块,使硬件设备发挥作用。

Linux 系统中除了内核之外,还有大量的应用程序和数据文件,这些文件都放置在外置存储器上,如嵌入式系统中常用的 TF 存储卡或存储芯片(eMMC 芯片),为了便于寻找和管理文件,外存储器中都采用文件系统来组织文件。从概念上讲,文件系统是指操作系统用于明确存储设备或分区上的文件的方法和数据结构,即在存储设备上组织文件的方法。操作系统中负责管理和存储文件信息的软件机构称为文件管理系统,简称文件系统。从系统角度来看,文件系统是对文件存储设备的空间进行组织和分配,负责文件存储并对存入的文件进行保护和检索的系统。具体地说,它负责为用户建立文件,存入、读出、修改、转储文件,控制文件的存取,当用户不再使用时撤销文件等。

Linux 对文件系统的管理通过内核中的虚拟文件系统 VFS 组件进行管理,VFS 支持各种不同的文件系统格式,如 PC 的 FAT 格式、NTFS 格式和嵌入式系统中常用的 ext3、ext4 文件系统格式,在 Linux 系统中,存储设备必须通过挂载(mount)操作,才能被操作系统识别和使用,所有存储设备上的文件系统挂载后都统一纳入一个根文件系统中,根文件系统在 Linux 操作系统中以"/"符号表示,其下面有多个子文件夹,这些文件夹可能包含新的文件和文件夹,其他存储设备上的文件系统也挂载在根文件系统的子文件夹下面(如/mnt 目录下),形成一个树状的文件系统结构,如图 2-6 所示。

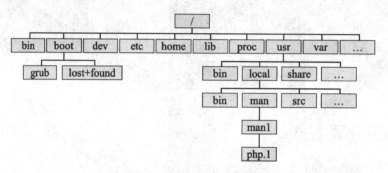

图 2-6 Linux 操作系统的文件系统结构

根文件系统是内核启动时挂载的第一个文件系统,内核和设备树的文件也保存在这个根文件系统中;另外,操作系统启动时所有读取的初始化脚本和服务软件都位于根文件系统中。根文件系统一般采用 ext4 格式,在嵌入式系统设计时,由脚本命令自动将系统程序、内核、设备树文件等打包形成根文件系统的镜像文件,然后通过命令 dd 或 balenaEtcher 程序等写入 TF 卡或 U 盘。

如图 2-7 所示,操作系统安装的目的是将编译好的内核及根文件系统放入可以启动的存储介质中。而启动的目的是将存储介质上的内核与根文件系统进行加载运行。

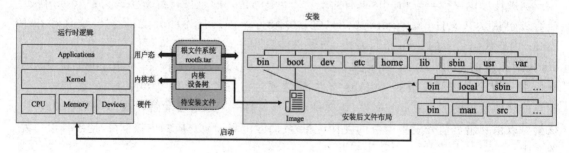

图 2-7 操作系统的安装与启动

2.2　嵌入式操作系统构建

本节我们介绍如何将编译好的、用于启动的 Linux 内核及根文件系统装入选定的存储介质。其中启动存储介质可以选择：U 盘、TF 卡、NVME 硬盘或 SATA 硬盘，这里以 TF 卡为例。

2.2.1　在线编译操作系统

1. 配置和编译内核

(1) 获取内核源码

在主机 Ubuntu 环境内，首先将"内核与根文件系统源码/kernel/phytium-linux-kernel.tar"解压缩：

```
tar - xvf phytium - linux - kernel.tar
```

将 phytium-linux-kernel 移动到工作目录下（自行修改下面的/home/user，如用户为 bob，则目录实际指的是/home/bob，下面相同的表述不再赘述）：

```
mkdir /home/user/chillipi
sudo cp phytium - linux - kernel /home/user/chillipi/
cd /home/user/chillipi/phytium - linux - kernel
```

(2) 配置内核

安装必须依赖：

```
sudo apt - get install libssl - dev
```

进入内核源码目录，配置内核。

```
make e2000_defconfig
```

(3) 编译内核

n 替换为线程数，比如 PC 有 8 个内核，n 可以选择 1～8，n 越大，编译使用的 CPU 内核越多，速度越快，若配置成功，则输出如图 2-8 所示。

```
make - jn
```

编译过程中若出现错误：make[1]：＊＊＊没有规则可制作目标"debian/canonical-certs.pem"。可以尝试 vi .config，输入/CONFIG_SYSTEM_TRUSTED_KEYRING 进行搜索定位，删除"debian/canonical-certs.pem"，退出保存，再尝试编译内核。

(4) 编译后的结果

编译时间大约是 50 min，编译成功后可以得到设备树文件和内核镜像：

```
Phytium@buaa:~/chillipi/phytium-linux-kernel$ make e2000_defconfig
#
# configuration written to .config
#
Phytium@buaa:~/chillipi/phytium-linux-kernel$ make -j12
scripts/kconfig/conf  --syncconfig Kconfig
  CALL    scripts/checksyscalls.sh
  CHK     include/generated/compile.h
  UPD     include/generated/compile.h
  CC      init/version.o
  AR      init/built-in.a
  GZIP    kernel/config_data.gz
  GEN     .version
  CHK     include/generated/compile.h
  UPD     include/generated/compile.h
  CC      init/version.o
  AR      init/built-in.a
  AR      built-in.a
  LD      vmlinux.o
```

图 2-8　配置内核及编译内核

```
arch/arm64/boot/dts/phytium/e2000d * .dtb          //设备树镜像
arch/arm64/boot/Image                              //Linux 内核镜像
```

2. 制作文件系统

(1) 安装编译依赖包

① 主机环境：x86 + Ubuntu 20.04；

② 检查已安装交叉编译器；

③ 安装依赖包：

```
sudo apt install debootstrap qemu - system - common qemu - user - static binfmt - support autoconf
automake libtool fuse debhelper findutils autotools - dev pkg - config libltdl - dev bison flex openssl
libssl - dev git
```

(2) 获取 buildroot 项目代码

首先将"内核与根文件系统源码/rootfs/phytium-linux-buildroot. 7z. 001"解压缩：

```
sudo apt install p7zip - full
7z x phytium - linux - buildroot. 7z. 001 - r - o~/chillipi
```

注意：-r 表示递归处理文件夹及其子文件夹,-o 表示指定目标文件夹,-o 与～/chillipi 间没有空格,仅指定 001 压缩包进行解压即可,001 压缩包中含有总压缩包大小的信息,会自动连接 002,将所有分卷压缩的压缩包一起解压。

(3) 配　置

phytium-linux-buildroot 提供了 3 种文件系统,这里我们以编译 Ubuntu 带桌面为例(运行方式二的命令)。

方式一:phytium Linux

```
$ make phytium_e2000_defconfig
```

方式二:Ubuntu 带桌面(推荐)

```
$ make phytium_e2000_ubuntu_desktop_defconfig
```

方式三:Debian 不带桌面

```
$ make phytium_e2000_debian_defconfig
```

(4) 编　译

编译选项中的 n 取决于 PC 中 CPU 的内核数,数量越大,编译速度越快。

```
make - jn
```

(5) 编译结果

编译时间较长,可能为十几个小时甚至更久,编译时长取决于网络状况以及主机性能,编译成功后得到内核镜像、设备树镜像以及根文件系统。

```
output/images/Image Linux          //内核镜像
output/images/e2000d * .dtb         //设备树镜像
output/images/rootfs.tar            //根文件系统
```

2.2.2　准备启动介质

1. 插　入

通过 USB 读卡器,将 TF 卡连接到 Ubuntu PC 主机,如图 2-9 所示。

图 2-9　SD 卡连接到主机

2. 分　区

① 使用 df 命令获得 TF 卡自动挂载设备名称。

```
linux@ubuntu:~ $ df
```

命令输出的内容如图 2 - 10 所示,其中/dev/sdc 即为 TF 卡对应的名称。

```
Phytium@buaa:~/chillipi/phytium-linux-kernel$ df
文件系统          1K-块       已用        可用     已用% 挂载点
udev          16347668         0    16347668    0% /dev
tmpfs          3277680      2132     3275548    1% /run
/dev/nvme0n1p2 982862268 122118240 810743696  14% /
tmpfs         16388392         0    16388392    0% /dev/shm
tmpfs             5120         4        5116    1% /run/lock
tmpfs         16388392         0    16388392    0% /sys/fs/cgroup
/dev/loop0         128       128           0  100% /snap/bare/5
/dev/loop1       65536     65536           0  100% /snap/core20/2105
/dev/loop2       75904     75904           0  100% /snap/core22/1033
/dev/loop4       12672     12672           0  100% /snap/snap-store/959
/dev/loop3      354688    354688           0  100% /snap/gnome-3-38-2004/119
/dev/loop5       40064     40064           0  100% /snap/snapd/21184
/dev/loop6       65536     65536           0  100% /snap/core20/2182
/dev/loop7       47104     47104           0  100% /snap/snap-store/638
/dev/loop11     508928    508928           0  100% /snap/gnome-42-2204/141
/dev/loop10      93952     93952           0  100% /snap/gtk-common-themes/1535
/dev/loop9      358144    358144           0  100% /snap/gnome-3-38-2004/143
/dev/loop8       41472     41472           0  100% /snap/snapd/20671
/dev/nvme0n1p1  523248      6220      517028    2% /boot/efi
tmpfs          3277676        76     3277600    1% /run/user/1000
/dev/loop12      76032     76032           0  100% /snap/core22/1122
/dev/loop13     516352    516352           0  100% /snap/gnome-42-2204/172
/dev/sdb1    479566536   2874052   452258412    1% /mnt
/dev/sdc1      7961908     14868     7521056    1% /media/Phytium/0824bf3a-9071-45b7-9f36-f92d499baac8
/dev/sdc2     22435664   8105648    13165012   39% /media/Phytium/acae2180-712b-4cc8-95ae-32c5ae88b64f
```

图 2 - 10 df 执行结果

② 使用 fdisk 命令分区:

```
sudo fdisk /dev/sd[X]
```

本实验分为两个区,其中/dev/sdc1 为 Micro SD 卡存放内核分区,大小为 500 MB;/dev/sdc2 为 Micro SD 卡 rootfs 分区,大小为 10 GB 以上。此外,需要注意 Micro SD 卡的自动挂载目录(即/dev/sdc)会发生变化,请根据实际情况进行操作,以免造成数据丢失。

3. 格式化

```
linux@ubuntu:~ $ sudo mkfs.ext4 /dev/sdc1
linux@ubuntu:~ $ sudo mkfs.ext4 /dev/sdc2
```

此外,需要注意用于装入 rootfs 的分区需用 ext 文件系统格式,一般选择其第 4 版,即 ext4 文件系统格式。

2.2.3 装入 Linux 内核镜像和设备树镜像

拷贝新的 Linux 内核镜像和设备树镜像到 Micro SD 卡第一分区,在 phytium-linux-kernel 文件夹下执行以下操作。此外,需要注意设备树文件与板卡型号应匹配。

① 挂载 TF 卡上启动分区/dev/sdc1 到 PC 的文件系统/mnt 目录下:

```
sudo mount /dev/sdc1 /mnt
```

② 将编译好的内核文件拷贝到 TF 卡的启动分区中:

```
sudo cp arch/arm64/boot/Image /mnt
```

③ 将编译好的设备树文件拷贝到 TF 卡的启动分区中：

```
sudo cp arch/arm64/boot/dts/phytium/e2000d-chillipi-board.dtb /mnt
```

④ 强制操作系统将内存缓存的磁盘数据更新到磁盘中，防止数据丢失：

```
sync
```

⑤ 从 PC 的文件系统卸载 TF 卡启动分区，这样就可以安全从 PC 移除 TF 卡：

```
sudo umount /mnt
```

2.2.4　装入文件系统

解压缩新的根文件系统到 Micro SD 卡第二分区，在 phytium-linux-buildroot 下执行以下操作。此外，需要注意 rootfs 文件系统必须在 Linux 下解压（因为有硬连接）。

① 挂载 TF 卡上根文件系统分区/dev/sdc2 到 PC 的文件系统/mnt 目录下：

```
sudo mount /dev/sdc2 /mnt
```

② 进入根文件系统分区在 PC 上的挂载目录下：

```
cd /mnt
```

③ 将打包好的根文件系统内容拷贝到 TF 卡根文件系统分区中，形成根文件系统内容：

```
tar xvf output/images/rootfs.tar
```

④ 强制操作系统将内存缓存的磁盘数据更新到磁盘中，防止数据丢失：

```
sync
```

⑤ 从 PC 的文件系统卸载 TF 卡根文件系统分区，这样就可以安全从 PC 移除 TF 卡：

```
sudo umount /mnt
```

2.2.5　U-Boot 启动参数配置

与 PC 通过 BIOS 的图形界面设置启动项不同，嵌入式系统的启动管理器 U-Boot 通过保存的配置参数，找到需要启动的内核和设备树文件，该过程采用命令行交互的方式。下面介绍修改 U-Boot 的启动配置参数方法，本小节分别以配置 TF 卡启动（MMC 介质启动）和 U 盘启动（USB 介质启动）为例。

1. MMC 介质启动步骤

将开发板和 PC 通过串口连接开发板电源，启动开发板。在 U-Boot 启动阶段（上电启动后 3 s 内）按下 Enter 键，这时系统会停留在 U-Boot 的 Shell 界面。此时出现命令提示符 E2000♯，可以在其后输入命令，和 U-Boot 交互。

① 配置开发板和 PC 交互的串口名称（ttyAMA1），串口通信速率（115 200 b/s），根文件系统的设备编号（/dev/mmcblk1p2），其他参数不需要修改，如果读者对其他参数感兴趣，可以

查阅相关资料。

```
E2000＃ setenv bootargs console = ttyAMA1,115200  audit = 0
earlycon = pl011.0x2800d000 root = /dev/mmcblk1p2 rootdelay = 3 rw
```

② 通知 U－Boot 选择第一个 MMC 设备，即 TF 卡。

```
E2000＃ mmc dev 1
```

③ 加载 TF 卡引导分区的设备树文件，e2000d-chillipi-board.dtb 即该设备树的名称，读者应按照实际文件名称修改，中间的内存地址是预设置好的，读者不要修改。

```
E2000＃ ext4load mmc 1:1 0x90000000 e2000d - chillipi - board.dtb
```

④ 加载 TF 卡引导分区的内核文件，Image 即内核文件名称，读者应按照实际文件名修改，命令中的内存地址也是已设置好的，不能修改。

```
E2000＃ ext4load mmc 1:1 0x90100000 Image
```

⑤ 让 U－Boot 利用加载好的内核和设备树文件启动操作系统，如果配置正确，该命令执行后，可以看到 Linux 内核开始进入启动，此后由 Linux 内核管理这个系统。

```
E2000＃ booti 0x90100000 - 0x90000000
```

U－Boot 启动成功界面如图 2－11 所示。

```
E2000#setenv bootargs console=ttyAMA1,115200 audit=0 earlycon=pl011,0x2800d000 root
E2000#mmc dev 1
switch to partitions #0, OK
mmc1 is current device
E2000#ext4load mmc 1:1 0x90000000 e2000d-chillipi-board.dtb;
23491 bytes read in 5 ms (4.5 MiB/s)
E2000#ext4load mmc 1:1 0x90100000 Image;
15282688 bytes read in 1915 ms (7.6 MiB/s)
E2000#booti 0x90100000 - 0x90000000
Moving Image from 0x90100000 to 0x90280000, end=91177000
## Flattened Device Tree blob at 90000000
   Booting using the fdt blob at 0x90000000
   Loading Device Tree to 00000000f9c33000, end 00000000f9c3bbc2 ... OK
```

图 2－11　U－Boot 启动成功界面

如果配置后启动无误，可以复位或重新上电开发板，依然进入 U－Boot 界面，将刚才的配置参数保存到 U－Boot 中，以后就不用每次设置启动参数。

重新启动开发板，进入 U－Boot 命令行模式，输入如下几个命令，命令内容和前述含义相同，只不过采用 setenv 命令将前述操作保存起来，成为 U－Boot 的配置信息，最后使用 saveenv 命令固化到 U－Boot 中成为默认启动选项。

```
E2000＃ setenv bootargs console = ttyAMA1,115200  audit = 0
earlycon = pl011.0x2800d000 root = /dev/mmcblk1p2 rootdelay = 3 rw;
E2000＃ setenv bootcmd 'mmc dev 1; ext4load mmc 1:1 0x90000000 e2000d - chillipi - board.dtb;
ext4load mmc 1:1 0x90100000 Image;booti 0x90100000 - 0x90000000;'
E2000＃ saveenv
```

2．USB 介质启动配置步骤

输入如下命令，选择使用 U 盘启动，U 盘的设备名称是/dev/sda2，读者的 U 盘设备名称可能不同，需根据实际情况修改，可通过 usbinfo 命令进行查阅。

```
E2000 # setenv bootargs console = ttyAMA1,115200  audit = 0
earlycon = pl011,0x2800d000 root = /dev/sda2 rootdelay = 3 rw;
E2000 # usb start
E2000 # ext4load usb 0:1 0x90000000 e2000d - chillipi - board.dtb;
E2000 # ext4load usb 0:1 0x90100000 Image;
E2000 # booti 0x90100000 - 0x90000000
```

如果配置正确，则该命令执行后，可以看到 Linux 内核开始进入启动，此后由 Linux 内核管理这个系统。

新 U - Boot 配置自动启动输入如下几个命令，命令内容和前述含义相同，只不过采用 setenv 命令将前述操作保存起来，最后使用 saveenv 命令固化到 U - Boot 中成为默认启动选项。

```
E2000 # setenv bootargs console = ttyAMA1,115200  audit = 0
earlycon = pl011,0x2800d000 root = /dev/sda2 rootdelay = 3 rw;
E2000 # setenv bootcmd 'usb start; ext4load usb 0:1 0x90000000 e2000d - chillipi - board.dtb;
ext4load usb 0:1 0x90100000 Image;booti 0x90100000 - 0x90000000;'
E2000 # saveenv
```

2.2.6　通过 TFTP 与 NFS 进行软件开发

在我们开发过程中有可能需要经常更改开发板的软件，最为经常更换的会是驱动及应用程序，如果进行内核开发调试，则还需要频繁更换内核。如果每次都通过 TF 卡或 U 盘传输更改效率较低，可以采取 TFTP 方式加载内核，NFS 方式加载文件系统或者传输文件。

1．开发板和台式机网络连接的设置

通过网线连接 Ubuntu 主机和开发板，Ubuntu Linux 和开发板的连接示意图如图 2 - 12 所示。

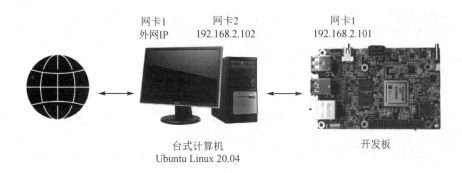

网卡1　　　网卡2　　　　　　　　　网卡1
外网IP　192.168.2.102　　　　　192.168.2.101

台式计算机
Ubuntu Linux 20.04　　　　　　　　　开发板

图 2 - 12　Ubuntu 主机和开发板连接示意图

(1) 设置开发板网络

开发板如果没有获取 IP 地址,则需要执行下述命令获取 IP 地址。

```
sudo dhclient
```

若不成功,则可使用静态 IP 地址分配方法(IP 地址自行分配,本例采用 192.168.2.101)。

```
sudo ifconfig eth0 192.168.2.101 netmask 255.255.255.0
ifconfig - a
```

检查 IP 地址是否分配成功,若分配成功,则如图 2-13 所示。

```
root@E2000-Ubuntu:~# ifconfig eth0 192.168.2.101 netmask 255.255.255.0
root@E2000-Ubuntu:~# ifconfig -a
eth0: flags=4163<UP,BROADCAST,RUNNING,MULTICAST>  mtu 1500
        inet 192.168.2.101  netmask 255.255.255.0  broadcast 192.168.2.255
        ether 00:11:22:33:44:55  txqueuelen 1000  (Ethernet)
        RX packets 0  bytes 0 (0.0 B)
        RX errors 0  dropped 0  overruns 0  frame 0
        TX packets 18  bytes 1940 (1.9 KB)
        TX errors 0  dropped 0 overruns 0  carrier 0  collisions 0
        device interrupt 86  base 0xc000

lo: flags=73<UP,LOOPBACK,RUNNING>  mtu 65536
        inet 127.0.0.1  netmask 255.0.0.0
        loop  txqueuelen 1000  (Local Loopback)
        RX packets 2508  bytes 178492 (178.4 KB)
        RX errors 0  dropped 0  overruns 0  frame 0
        TX packets 2508  bytes 178492 (178.4 KB)
        TX errors 0  dropped 0 overruns 0  carrier 0  collisions 0
```

图 2-13 查看开发板 IP 地址

更改开发板的/etc/network/interfaces 文件,为 eth0 配置永久静态 IP 地址。重启开发板或重启网络后无需再手动配置 eth0 的静态 IP 地址。

```
vim /etc/network/interfaces
```

输入以下代码,保存并退出。

```
auto eth0
iface eth0 inet static
address 192.168.2.101
netmask 255.255.255.0
gateway 192.168.2.1
```

查看开发板的路由表,输入如下命令:

```
route
```

若没有添加到网络 192.168.2.0 的路由,则需要手动进行添加,输入如下命令:

```
route add - net 192.168.2.0 netmask 255.255.255.0 eth0
route
```

再次查看开发板的路由表。若添加成功,则如图 2-14 所示。

```
root@E2000-Ubuntu:~# route
Kernel IP routing table
Destination     Gateway          Genmask        Flags Metric Ref    Use Iface
root@E2000-Ubuntu:~# route add -net 192.168.2.0 netmask 255.255.255.0 eth0
root@E2000-Ubuntu:~# route
Kernel IP routing table
Destination     Gateway          Genmask        Flags Metric Ref    Use Iface
192.168.2.0     0.0.0.0          255.255.255.0  U     0      0        0 eth0
```

图 2-14　开发板的路由表

(2) 设置台式机 Ubuntu Linux 20.04 的网络

为 Ubuntu 主机上连接开发板的网卡分配与开发板 eth0 网卡相同网段的 IP 地址(此处 enxa0cec80afb47 自行替换为读者计算机 Ubuntu Linux 系统中分配的网卡名),执行如下命令:

```
sudo ifconfig enxa0cec80afb47 192.168.2.102 netmask 255.255.255.0
ifconfig
```

分别配成功后如图 2-15 所示。

```
Phytium@buaa:~$ sudo ifconfig enxa0cec80afb47 192.168.2.102 netmask 255.255.255.0
Phytium@buaa:~$ ifconfig -a
enp6s0: flags=4099<UP,BROADCAST,MULTICAST>  mtu 1500
        ether 74:56:3c:ce:e3:bf  txqueuelen 1000  (以太网)
        RX packets 0  bytes 0 (0.0 B)
        RX errors 0  dropped 0  overruns 0  frame 0
        TX packets 0  bytes 0 (0.0 B)
        TX errors 0  dropped 0 overruns 0  carrier 0  collisions 0

enxa0cec80afb47: flags=4163<UP,BROADCAST,RUNNING,MULTICAST>  mtu 1500
        inet 192.168.2.102  netmask 255.255.255.0  broadcast 192.168.2.255
        ether a0:ce:c8:0a:fb:47  txqueuelen 1000  (以太网)
        RX packets 2048  bytes 139696 (139.6 KB)
        RX errors 0  dropped 0  overruns 0  frame 0
        TX packets 1212  bytes 458866 (458.8 KB)
        TX errors 0  dropped 0 overruns 0  carrier 0  collisions 0

lo: flags=73<UP,LOOPBACK,RUNNING>  mtu 65536
        inet 127.0.0.1  netmask 255.0.0.0
        inet6 ::1  prefixlen 128  scopeid 0x10<host>
        loop  txqueuelen 1000  (本地环回)
        RX packets 17330  bytes 1832106 (1.8 MB)
        RX errors 0  dropped 0  overruns 0  frame 0
        TX packets 17330  bytes 1832106 (1.8 MB)
        TX errors 0  dropped 0 overruns 0  carrier 0  collisions 0
```

图 2-15　查看 Ubuntu 主机 IP 地址

尝试互相 ping 对方,看能否 ping 通。若如图 2-16 和图 2-17 所示,则表示 Ubuntu 主机和开发板能互相 ping 通。

2. TFTP 服务的配置和使用

TFTP(Trivial File Transfer Protocol,简单文件传输协议),是一个基于 UDP 协议实现的用于在客户机和服务器之间进行简单文件传输的协议,适合于开销不大、不复杂的应用场合。TFTP 协议专门为小文件传输而设计,只能从服务器上获取文件,或者向服务器写入文件,不能列出目录,也不能进行认证。

这里以 x86 PC 为例,主机作为 TFTP 服务端,开发板作为客户端。安装过程以 Ubuntu

```
PING 192.168.2.102 (192.168.2.102) 56(84) bytes of data.
64 bytes from 192.168.2.102: icmp_seq=1 ttl=64 time=0.708 ms
64 bytes from 192.168.2.102: icmp_seq=2 ttl=64 time=0.484 ms
64 bytes from 192.168.2.102: icmp_seq=3 ttl=64 time=0.467 ms
64 bytes from 192.168.2.102: icmp_seq=4 ttl=64 time=0.436 ms
64 bytes from 192.168.2.102: icmp_seq=5 ttl=64 time=0.440 ms
64 bytes from 192.168.2.102: icmp_seq=6 ttl=64 time=0.497 ms
^C
--- 192.168.2.102 ping statistics ---
6 packets transmitted, 6 received, 0% packet loss, time 5110ms
rtt min/avg/max/mdev = 0.436/0.505/0.708/0.093 ms
```

图 2-16　开发板 ping Ubuntu 主机(在开发板上执行 ping 命令)

```
Phytium@buaa:~$ ping 192.168.2.101
PING 192.168.2.101 (192.168.2.101) 56(84) bytes of data.
64 字节，来自 192.168.2.101: icmp_seq=1 ttl=64 时间=0.564 毫秒
64 字节，来自 192.168.2.101: icmp_seq=2 ttl=64 时间=0.626 毫秒
64 字节，来自 192.168.2.101: icmp_seq=3 ttl=64 时间=0.579 毫秒
64 字节，来自 192.168.2.101: icmp_seq=4 ttl=64 时间=0.537 毫秒
64 字节，来自 192.168.2.101: icmp_seq=5 ttl=64 时间=0.544 毫秒
64 字节，来自 192.168.2.101: icmp_seq=6 ttl=64 时间=0.591 毫秒
64 字节，来自 192.168.2.101: icmp_seq=7 ttl=64 时间=0.533 毫秒
^C
--- 192.168.2.101 ping 统计 ---
已发送 7 个包，已接收 7 个包, 0% 包丢失，耗时 6146 毫秒
rtt min/avg/max/mdev = 0.533/0.567/0.626/0.031 ms
```

图 2-17　Ubuntu 主机 ping 开发板(在 Ubuntu Linux PC 主机上执行 ping 命令)

Linux 20.04 操作系统为例：

① 安装 TFTP 服务器，在终端执行如下命令：

```
sudo apt-get install tftp-hpa tftpd-hpa xinetd
```

② 配置，打开 TFTP 服务器的配置文件，在终端执行如下命令：

```
sudo vi /etc/default/tftpd-hpa
```

注意：下列变量配置，/tftpboot 是主机上通过 TFTP 传送文件所在目录，读者可以根据自己的需要，修改目录。

```
TFTP_USERNAME = "tftp"
TFTP_DIRECTORY = "/tftpboot"
TFTP_ADDRESS = "0.0.0.0:69"
TFTP_OPTIONS = "-l -c -s"
```

③ 创建 TFTP 的路径。需要 TFTP 传输的文件需要置于此路径，路径由配置文件 TFTP_DIRECTORY 定义，此路径要保证 777 权限，在终端执行如下两条命令：

```
sudo mkdir /tftpboot
sudo chmod -R 777 /tftpboot
```

第一条命令建立 TFTP 服务器使用的目录，第二条命令设置该目录的权限为 777，即所有

人都可以读、写、执行该目录下的文件。

④ 重启 TFTP 服务并设置为开机自启动。

```
sudo systemctl restart tftpd - hpa
sudo systemctl enable tftpd - hpa
```

或者

```
sudo systemctl stop tftpd - hpa
sudo systemctl start tftpd - hpa
sudo systemctl enable tftpd - hpa
```

接下来,对配置好的 TFTP 服务器进行测试,首先在/tftpboot 目录生成测试文件 ok 然后通过 TFTP 协议将其下传,在当前用户目录下,执行如下命令,如果 TFTP 服务器配置正确,则执行后在当前目录下会生成一个服务器下载的名为 ok 的文件。如果没有发现该文件,则需要检查上述的配置过程是否正确。

```
touch /tftpboot/ok
linux@ubuntu:~ $ tftp localhost
tftp> get ok
tftp> quit
linux@ubuntu:~ $ ls ok
ok
```

3. NFS 协议的配置和使用

网络文件系统(Network File System,NFS),是由 SUN 公司研制的 UNIX 表示层协议 (presentation layer protocol),能让使用者访问网络上别处的文件系统就像使用自己的计算机一样。NFS 是基于 UDP/IP 协议的应用,它是当前主流异构平台共享文件系统之一。与前述协议类似,NFS 也分为服务端及客户端。

(1) NFS 服务搭建

安装服务端,执行如下命令:

```
sudo apt - get install nfs - kernel - server
```

(2) 配置 NFS

首先在工作目录下创建共享目录 nfsroot,然后编辑 NFS 服务器的配置文件,执行如下两条命令:

```
mkdir /home/user/nfsroot
sudo vim /etc/exports
```

在文件的最后添加想要共享的目录:

```
/home/nfsroot/nfsroot * (rw,sync,no_root_squash,insecure)
```

编辑好的/etc/exports 文件如图 2 - 18 所示。

```
# /etc/exports: the access control list for filesystems which may be exported
#               to NFS clients.  See exports(5).
#
# Example for NFSv2 and NFSv3:
# /srv/homes       hostname1(rw,sync,no_subtree_check) hostname2(ro,sync,no_subtree_check)
#
# Example for NFSv4:
# /srv/nfs4        gss/krb5i(rw,sync,fsid=0,crossmnt,no_subtree_check)
# /srv/nfs4/homes  gss/krb5i(rw,sync,no_subtree_check)
#
/home/Phytium/nfsroot *(rw,sync,no_root_squash,insecure)
~
```

图 2 - 18   exports 文件内容

(3) 重新加载

执行如下命令,重启 NFS 服务器:

```
sudo exportfs - rv
```

(4) 测试 NFS

首先在共享目录下创建文件 hello,在新文件中输入 hello,保存并退出。最后查看共享目录下的文件,执行如下命令:

```
sudo vim /home/user/nfsroot/hello
ls /home/user/nfsroot
```

命令执行和运行结果如图 2 - 19 所示。

```
Phytium@buaa:~$ mkdir /home/Phytium/nfsroot
Phytium@buaa:~$ sudo vim /etc/exports
Phytium@buaa:~$ sudo exportfs -rv
exportfs: /etc/exports [1]: Neither 'subtree_check' or 'no_subtree_check'
Phytium/nfsroot".
  Assuming default behaviour ('no_subtree_check').
  NOTE: this default has changed since nfs-utils version 1.0.x

exporting *:/home/Phytium/nfsroot
Phytium@buaa:~$ vim /home/Phytium/nfsroot/hello
Phytium@buaa:~$ ls /home/Phytium/nfsroot
hello
```

图 2 - 19   共享目录下创建 hello 文件

在开发板安装 NFS 客户端,执行如下命令:

```
sudo apt - get install nfs - common
```

挂载 NFS 网络文件系统,注意此处 IP 地址需替换为服务端实际 IP 地址。执行如下命令,将服务器 192.168.2.102 的/user/nfsroot 目录挂载到开发板 Linux 系统的/mnt 目录:

```
sudo mount  - t nfs 192.168.2.102:/user/nfsroot /mnt
ls /mnt
```

若挂载成功,则开发板的/mnt 目录如图 2 - 20 所示。

```
root@E2000-Ubuntu:~# mount -t nfs 192.168.2.102:/home/Phytium/nfsroot /mnt
root@E2000-Ubuntu:~# ls /mnt
hello
```

图 2-20　挂载成功后/mnt 目录

思考与练习

1. 简述嵌入式操作系统构建的步骤。

2. 简述嵌入式内核编译后,会输出哪些文件,这些文件的作用是什么?

3. 如何设置 U-Boot 启动参数,使得开发板能够从 TF 卡启动。

4. 为什么要使用 NFS?简述在嵌入式开发板和主机端设置 NFS 的步骤。

5. 用源码构建操作系统,并拷贝到 TF 卡实现启动。

第3章 Linux 驱动开发基础

3.1 操作系统基础与 Linux 系统导论

本节主要介绍操作系统的基本概念、Linux 系统的发展历史、Linux 系统框架以及 Linux 内核的相关知识。通过本节的学习，读者能够对 Linux 系统有基本的了解，并为后面 Linux 系统上的编程做铺垫。

3.1.1 操作系统基础

广义的操作系统包括计算机（PC、工作站、服务器）系统、移动端系统以及嵌入式系统等，狭义的操作系统则是指计算机操作系统。计算机操作系统的功能角色是作为用户和计算机硬件资源之间的交互，管理调度硬件资源，为应用软件提供运行环境。

操作系统属于基础软件，是系统级程序的汇集，为用户屏蔽底层硬件复杂度，并提供编程接口和操作入口。操作系统控制处理器（CPU）调度系统资源，控制应用程序执行的时机，决定各个程序分配的处理器时间（CPU time）。此外，操作系统需要兼容底层硬件和应用软件，才能实现计算机的功能。

按应用领域划分为桌面、服务器和移动端操作系统，如图 3-1 所示。

图 3-1 按应用领域划分操作系统

按代码是否开源划分为闭源系统和开源系统，具体如图 3-2 所示。

其中闭源操作系统代码不开放，以微软 Windows 系统为代表。微软公司内部的研发团队开发 Windows 操作系统，并开发配套的应用软件，比如 Office。在生态建设方面，Intel 和 Windows 长期合作形成 Wintel 体系，在 PC 端市占率全球领先。Windows 系统的访问模式分为 User mode（用户模式）和 Kernel mode（内核模式）。用户级的应用程序在用户模式中运行，而系统级的程序在内核模式中运行。内核模式允许访问所有的系统内存和 CPU 指令。

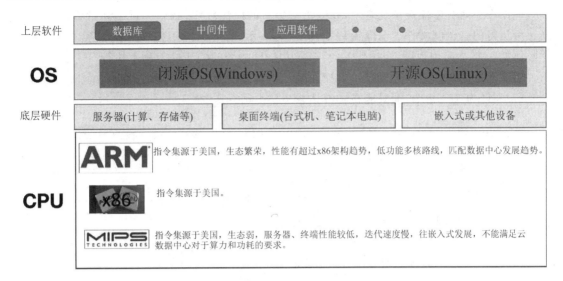

图 3 - 2　按代码是否开源划分操作系统

Windows 系统最大的优势在于图形界面,使得普通用户操作起来非常便利。相比大部分 Linux 系统,Windows 的常用软件安装和系统设置不需要以命令行的方式去输入系统指令,只需要点击"按钮"即可完成。如今,绝大多数常见软件、专用软件和底层硬件都支持 Windows 操作系统,形成了 Windows 强大的生态整体。微软 Windows 核心技术是封闭的,不对外开放,用户数据信息的安全与隐私无法得到保障。

　　而开源操作系统代码免费开放,以 Linux 操作系统为代表。Linux kernel 是开源项目,由全球范围的开发者(企业、团体、独立开发者)共同贡献源代码。Linux 的官方组织是 Linux 基金会,作为非营利的联盟,协调和推动 Linux 系统的发展以及宣传、保护和规范 Linux。Linux 基金会由开放源码发展实验室(Open Source Development Labs,OSDL)和自由标准组织(Free Standards Group,FSG)于 2007 年联合成立。

　　操作系统和 CPU 之间有一定的关联关系,某些操作系统只能在特定的 CPU 上运行,如 Windows 操作系统只支持 x86 指令集;Linux 操作系统可以在非常多的 CPU 体系上运行,其中 CPU 指令集包括 ARM、x86 以及 MIPS 等,操作系统包括开源 Linux 和闭源 Windows 等。操作系统和 CPU 体系的关系如图 3 - 3 所示。

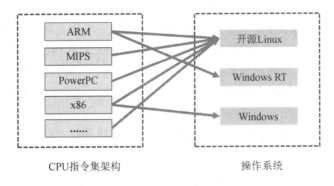

图 3 - 3　操作系统与 CPU 的关系

应用程序运行于操作系统之上,高级语言编写的应用程序,必须经过编译过程,才能变成真正可运行的二进制文件。编译流程如图 3 - 4 所示,流程为应用程序→操作系统→CPU 指令。例如一个 .c 应用程序,经操作系统编译为 CPU 指令,在 CPU 架构上执行。

需要注意的是,一个应用程序,由操作系统编译为 ARM 指令,就只能在 ARM 体系架构上运行;编译为 x86 指令,就只能在 x86 体系架构上运行。

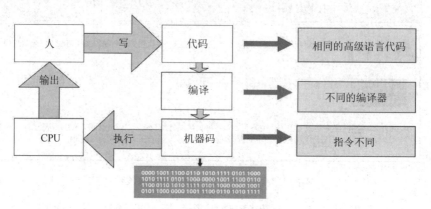

图 3 - 4　应用程序的编译流程

操作系统是连接硬件和数据库、中间件、应用软件、常见外设的中间环节,是计算机生态的重要组成部分。主要作用是对计算机或服务器进行资源管理,为用户提供方便的操作界面。CPU 和操作系统是整个信创产业的根基,没有 CPU 和操作系统的安全可控,整个信创产业就是无根之木,无源之水。

目前主流操作系统主要有 PC 端的 Windows、Linux 等,服务器操作系统有 Unix/Linux,Windows Server。目前国产操作系统绝大部分是基于 Linux 内核进行的二次开发。

国产操作系统历经 30 年发展,目前已形成比较完善的国产化体系。国产操作系统发展任重道远,在国产操作系统的发展历程中先后出现了十几家厂商。

国产通用操作系统的发展如图 3 - 5 所示,经历了几个阶段:

- 1989 年之前我国没有自主通用操作系统,大部分技术路线是对国外操作系统进行汉化或提供汉化的应用程序,如 CCDOS、汉化版 Unix、Xenix 等;
- 1989—1999 年,中软公司牵头自主研发操作系统及探索国际合作(十年萌芽期),产生了 COSA/COSIX、COSIX64 等操作系统;
- 1999—2009 年,国产操作系统开始拥抱开源软件(十年成长期),产生了中软 Linux、红旗 Linux、Xteam Linux、蓝点 Linux 等众多的 Linux 发行版;
- 2010—2019 年,国产软硬件加速发展(十年成熟期),以中标软件、天津麒麟等为代表的国产操作系统厂家逐渐发展壮大,国产操作系统生态体系在实际应用中加速完善,成熟度日益提升;
- 2020 年至今,国产基础软件不断做大做强,冰火麒麟合并,麒麟软件应运而生。

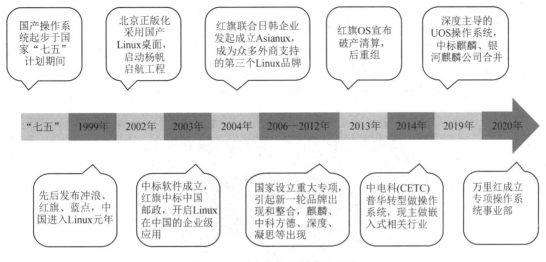

图 3 - 5　国产操纵系统发展历程

3.1.2　Linux 系统

1. Linux 历史

Linux 操作系统是现在应用最广泛的操作系统,从服务器、PC 到嵌入式设备,大量计算机中运行着各种 Linux 系统,Linux 系统来源于 Unix 系统。

1969 年,Unix 系统的第一个版本由 Ken Thompson 在 AT&T 贝尔实验室实现。1973 年 Ken Thompson 与 Dennis Ritchie 用他们重新发明的 C 语言重写了 Unix 的第三版内核。

随着 Unix 的广泛应用,AT&T 开始认识到 Unix 的价值,1979 年成立了专门的 Unix 实验室(USL),并且 AT&T 同时宣布了对 Unix 的拥有权和商业化,即 System V Unix。

20 世纪 70 年代末,AT&T 成立 Unix 系统实验室,CSRG(加州大学伯克利分校计算机系统研究小组)使用 Unix 对操作系统进行研究,最终有了伯克利自己的版本,即 BSD Unix。

现代意义上的 Linux 系统其实是由内核和应用程序组成的,操作系统的内核由 Linus Torvalds 最先编写并开源,现在所称的 Linux 系统实际指的是内核的名称。应用程序来源于 GNU 项目,该项目衍生出大量的应用程序,如编译器 gcc、编辑器 emacs、程序库 glibs,等等,可以说大部分系统里的应用程序,都属于 GNU 项目。而 GNU 项目的发起者就是 Richard Stallman。

Linux 操作系统主要的优势领域是服务器和嵌入式设备。据 Linux 基金会统计,全球 90％的公有云平台采用了 Linux 系统,99％的超算和 62％的嵌入式设备也都是基于 Linux。全球公有云平台运行的所有应用,超过 54％是运行在 Linux 虚拟机上。根据 IDC 在 2017 年的统计数据,全球服务器操作系统使用份额(免费＋付费)中,68％是 Linux 服务器操作系统。

Linux 操作系统的核心优势主要有以下几个方面:首先,Linux 操作系统的开发工作汇集了全球程序开发者的智慧,可以说集思广益。全球开发者对 Linux 内核保持了持续的更新,提供了充足的创新动力。系统代码可以修改和自定义,用户可调用计算机资源的自由度极高。相比 Windows 等闭源系统,Linux 给予了使用者极大的使用自由度。其次,Linux 操作系统的运行效率高,运维成本低。Linux 系统在服务器上运行效率较高,相对比较轻量化,天然支持虚拟化。在服务器集群上运维成本较低。最后,Linux 操作系统十分安全,Linux 从发展根源上就是针对多用户系统设计的,系统管理员和 root 用户具有系统管理权限,全球开发者多次地筛查和更新操作系统中的软件代码,能够快速地发现和修复 BUG。

一台运行 Linux 操作系统的计算机可以划分为四层,如图 3-6 所示。

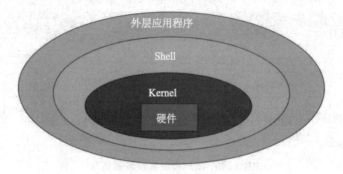

图 3-6　计算机系统组成

每个组成部分的具体功能如下:

- APP(应用程序):应用的范围涵盖了从桌面工具和编程语言到多用户业务套件等各种软件。大多数 Linux 发行版都会提供一个应用软件仓库,用于搜索和下载各种应用。
- Shell(GNU 等系统工具):系统级任务(如配置和软件安装)的管理层。它包括 shell(或称为命令行)、守护进程(在后台运行的进程)和桌面环境。
- Kernel(内核):内核管理着系统的资源,并与硬件进行通信。它负责内存、进程和文件的管理。
- HW(硬件):计算机的硬件设备,如 CPU、存储器、外设。

Linux 发行版是一个由 Linux 内核、GNU 工具、附加软件和软件包管理器组成的操作系统,即图 3-7 的最外 3 层也可能包括显示服务器和桌面环境,以用作常规的桌面操作系统。Linux 发行版可以大体分成以 Redhat 为代表和以 Debian 为代表的两类。主要国产操作系统包括麒麟 OS、UOS、凝思、红旗、一铭软件、中科方德等。我们常说的"Linux 系统、操作系统"指的是一个完整的发行版。

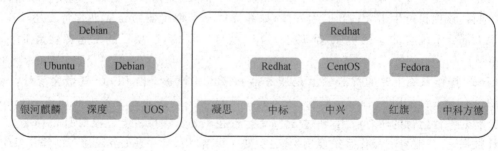

图 3-7　Linux 发行版本示意图

我们通常所说的"Linux"指的是 Linux 内核。内核是一个操作系统的核心,但用户不能直接和内核交互,只能通过应用程序和 shell 与内核进行命令交互。为了与 Linux 内核进行交互,需要在 shell 中运行一些命令来完成一些工作。GNU 项目实现了许多流行的 Unix 实用程序,如 cat、grep、awk、shell(bash),同时还开发了自己的编译器(GCC)和编辑器(Emacs)。由于 Linux 与 GNU 工具集成得很深,几乎是完全依赖于 GNU 工具,所以也被称为 GNU Linux(写成 GNU/Linux)操作系统。

Linux 体系结构从大的方面可以分为用户空间(User Space)和内核空间(Kernel Space),如图 3-8 所示。Linux 系统组成结构的各部分功能如表 3-1 所列。

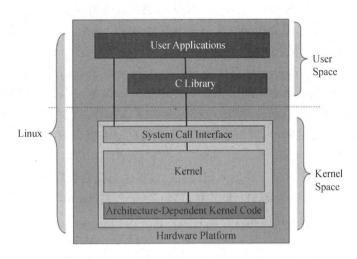

图 3-8　Linux 系统组成结构

表 3-1　Linux 系统组成结构的各部分功能

User Space	用户程序:最上面是用户(或应用程序)空间。这是用户执行应用程序的地方
	函数库:它提供了连接内核的系统调用接口,还提供了在用户空间应用程序和内核之间进行转换的机制,GNU C Library (glibc)也在这里
Kernel Space	系统调用:系统调用接口,它实现了一些基本的功能,例如 read 和 write。内核和用户空间的应用程序使用的是不同的保护地址空间。每个用户空间的进程都使用自己的虚拟地址空间,而内核则占用单独的地址空间
	内核子系统:设备管理、内存管理、文件系统
	硬件相关代码:厂商 BSP、device driver
Hardware	CPU、存储、外设

Linux 操作系统的文件目录采用树状结构,树根是根目录"/",树枝是根目录下的子目录,子目录下面又派生出各级子目录。Linux 操作系统下有一些目录有固定的用途,使用者必须遵守该约定,才能保证 Linux 操作系统的正确运行。这些目录包括:

- /:根目录,所有的目录、文件、设备都在/之下,/就是 Linux 文件系统的组织者,也是最上级的领导者。
- /bin:bin 就是二进制(binary)的英文缩写。在一般的系统当中,都可以在这个目录下找到 Linux 常用的命令。系统所需要的那些命令位于此目录。
- /boot:Linux 的内核及引导系统程序所需要的文件目录,比如 vmlinuz initrd.img 文件都位于这个目录中。在一般情况下，GRUB 或 LILO 系统引导管理器也位于这个目录。

- /etc：etc 这个目录是 Linux 系统中最重要的目录之一。在这个目录下存放了系统管理时要用到的各种配置文件和子目录。要用到的网络配置文件、文件系统、x 系统配置文件、设备配置信息、设置用户信息等都在这个目录下。

- /lib：lib 是库（library）的英文缩写。这个目录是用来存放系统动态连接共享库的。几乎所有的应用程序都会用到这个目录下的共享库。因此，千万不要轻易对这个目录进行什么操作，一旦发生问题，系统就不能工作了。

- /dev：dev 是设备（device）的英文缩写。这个目录对所有的用户都十分重要。因为在这个目录中包含了所有 Linux 系统中使用的外部设备。但是这里放的并不是外部设备的驱动程序。这一点和常用的 Windows、DOS 操作系统不一样，它实际上是一个访问这些外部设备的端口，可以非常方便地去访问这些外部设备，与访问一个文件，一个目录没有任何区别。

- /proc：可以在这个目录下获取系统信息。这些信息是在内存中，由系统自己产生的。

- /home：如果建立一个用户，用户名是"xx"，那么在/home 目录下就有一个对应的/home/xx 路径，用来存放用户的主目录。

- /usr：这是 Linux 系统中占用硬盘空间最大的目录。用户的很多应用程序和文件都存放在这个目录下。在这个目录下，可以找到那些不适合放在/bin 或/etc 目录下的额外的工具。

- /usr/local：这里主要存放那些手动安装的软件，即不是通过 yum 或 apt－get 安装的软件。它和/usr 目录具有相类似的目录结构。让软件包管理器来管理/usr 目录，而把自定义的脚本（scripts）放到/usr/local 目录下面。

- /usr/share：系统共用的东西存放地，比如 /usr/share/fonts 是字体目录，/usr/share/doc 和/usr/share/man 是帮助文件存放的目录。

- /root：Linux 超级权限用户 root 的家目录。

- /sbin：这个目录是用来存放系统管理员的系统管理程序。大多是涉及系统管理的命令的存放，是超级权限用户 root 的可执行命令存放地，普通用户无权限执行这个目录下的命令，这个目录和/usr/sbin、/usr/X11R6/sbin 或/usr/local/sbin 目录是相似的，凡是目录 sbin 中包含 root 权限的才能执行。

- /cdrom：这个目录在刚刚安装系统的时候是空的，可以将光驱文件系统挂在这个目录下，例如：mount/dev/cdrom/cdrom。

- /mnt：这个目录一般用于存放挂载储存设备的挂载目录，比如有 cdrom 等目录。可以参看/etc/fstab 的定义。

- /media：有些 Linux 的发行版使用这个目录来挂载那些 USB 接口的移动硬盘（包括 U 盘）、CD/DVD 驱动器等。

- /lost＋found：在 ext2 或 ext3 文件系统中，当系统意外崩溃或机器意外关机时产生一些文件碎片放在这里。在系统启动的过程中 fsck 工具会检查这里，并修复已经损坏的文件系统。有时系统发生问题，有很多的文件被移到这个目录中，可能会用手工的方式来修复，或移动文件到原来的位置上。

- /opt：这里主要存放那些可选的程序，如手动安装的交叉编译器软件套件等。
- /selinux：对 SElinux 的一些配置文件目录，SElinux 可以让 Linux 支持更高等级安全功能。
- /srv：服务启动后所需访问的数据目录，例如，www 服务启动读取的网页数据就可以放在/srv/www 中。
- /tmp：临时文件目录，用来存放不同程序执行时产生的临时文件。有时用户运行程序的过程中，会产生临时文件，/tmp 就用来存放临时文件。/var/tmp 目录和这个目录相似。
- /var：这个目录的内容是经常变动的，看名字就知道，可以理解为 vary 的缩写，/var 下有/var/log，这是用来存放系统日志的目录。/var/www 目录是定义 Apache 服务器站点存放目录，/var/lib 用来存放一些库文件，比如 MySQL 以及 MySQL 数据库的存放地。

读者需要注意的是，这些目录并不是所有的 Linux 发行版都支持，每个发行版根据需要选择在根目录下提供一部分子目录，如果某个程序需要而该发行版没有对应目录，则可以使用超级用户 root 建立没有包含的子目录，建立目录的命令为 mkdir，感兴趣的读者可查阅 mkdir 命令的详细用法。

3.1.3　Linux 内核

操作系统位于应用与硬件之间，负责在所有软件与相关的物理资源之间建立连接。所以，我们又称 Linux 操作系统为 Linux 内核。Linux 内核创始人 Linus 认为，Linux（内核）就是为上层应用程序提供运行环境并管理整个系统软硬件资源的一个程序（管理和服务程序）。

Linux 内核的具体结构如图 3-9 所示，内核主要包括以下几部分：

- 用户程序：最上面是用户（或应用程序）空间。这是用户执行应用程序的地方。
- 函数库：即 GNU C Library（glibc 也在这里），它提供了连接内核的系统调用接口。
- 系统调用：系统调用接口，它实现了一些基本的功能，例如 read 和 write。
- 硬件控制：通常称为 BSP（Board Support Package），包括了和硬件相关的代码。

Linux 内核主要完成如下功能，具体结构如图 3-10 所示。

- SCI：系统调用接口。
- PM：进程管理。
- VFS：虚拟文件系统。
- MM：内存管理。
- Network Stack：内核协议栈。
- Arch：体系架构相关代码。
- DD：设备驱动。

Linux 的内核是开源软件，任何人都可以对源码进行下载、修改，Linux 内核的官方网址是 kernel.org。2020 年 1 月 1 日，Linux 内核 Git 源码树中的代码达到了 2 780 万行。phoronix 网站统计了 Linux 内核在进入 2020 年时的一些源码数据并作了总结。从统计数据来看，Linux 内核源码树共有：27 852 148 行（包括文档、Kconfig 文件、树中的用户空间实用程序等）、887 925 次 commit、21 074 位不同的作者，2 780 万行代码分布在 66 492 个文件中，如

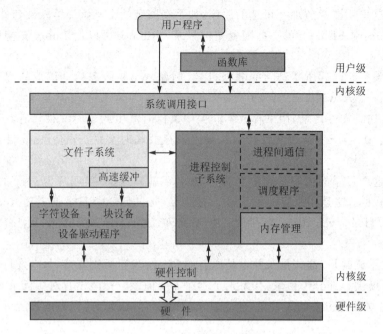

图 3 - 9　Linux 内核结构示意图

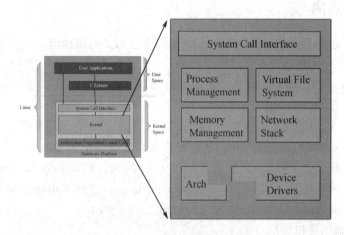

图 3 - 10　Linux 内核主要功能示意图

图 3 - 11 所示。

以 linux - 4.1.15 为例,整个内核源码一共约 793 MB。其中各模块所占大小如下所示:

● /drivers:驱动相关的代码占了大概一半,大约 380 MB。

● /arch:硬件体系相关的代码大约 134 MB。

● /net:网络子系统相关的代码 26 MB。

● /fs:文件系统相关的代码 37 MB。

● /kernel:linux 内核核心代码大约 6.8 MB。

Linux 内核的源代码可以从 Linux 内核官方网站(https://www.kernel.org/)下载,但官方网站经常因速度太慢导致无法下载,这里提供 2 个国内镜像下载源:① https://mirror.bjtu.edu.cn/kernel/linux/kernel/;② http://ftp.sjtu.edu.cn/sites/ftp.kernel.org/pub/

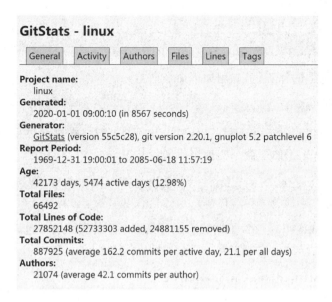

图 3-11 Linux 内核源码代码量大小

linux/kernel/。

内核源代码下载后是一个压缩文件,对于下载 linux-4.4.131.tar.gz 包,输入如下命令解压:

```
$ tar zxvf linux-x.y.z.tar.gz
```

内核源代码通常都会安装到/usr/src/linux 下,但在开发的时候最好不要使用这个源代码树,因为针对你的 C 库编译的内核版本通常也会链接到这里。

Linux 内核和应用程序一样,随着版本的升级,功能会有一定的更新和变化,因此 Linux 内核也采用版本号进行版本控制和区分。

内核版本号由 3 个数字组成:A.B.C,如 linux-4.4.131。其中 A 代表内核主版本号,即点号前面第一个 4,其很少发生变化,只有当发生重大变化的代码和内核产生时,才会发生变化。B 代表内核次版本号,即点号分割的中间一个数字 4,是指一些重大修改的内核,偶数表示稳定版本,奇数表示开发中版本。C 代表内核修订版本号,即点号分割的最后一串数字 131,是指轻微修订的内核,当有安全补丁或 bug 修复,新的功能或驱动程序,内核这个数字便会有变化。

查看 Linux 内核版本可以采用如下 3 个命令:

```
uname -a
uname -r
cat /proc/version
```

当内核版本轻微升级或者少量修改时,可以不必重新下载新的完整内核代码,而是在原有旧版本内核源代码上增量添加修改的代码部分,该方法称为 patch,也叫打"补丁"。下面以获得增量代码的补丁为例,如在 2.6.10 源码上增量打 2.6.13 的补丁,说明打补丁的方法,命令如下:

```
cd linux - 2.6.10
patch - p1 < ../2.6.13.patch
说明:- p1 忽略一级目录
```

如果想放弃新打上的补丁,可以用如下命令撤销:

```
patch - R - p1 < ../2.6.13.patch
```

当工程师自己对代码进行修改测试后,想向互联网上游提交自己修改的增量代码时,也可以制作自己的"补丁",采用如下命令实现制作增量补丁:

```
diff - Nur linux - 2.6.10 linux - 2.6.13 > 2.6.13.patch
说明:制作 linux - 2.6.10 到 2.6.13 的补丁
```

Linux 的内核源代码目录包含了非常多的子目录,每个子目录都包含了内核一个功能组件的全部源代码,源代码目录下的主要子目录如图 3 - 12 所示。

```
Phytium@buaa:~/chillipi/phytium-linux-kernel$ ls
arch        CREDITS         Image    kernel        modules.builtin   scripts      virt
block       crypto          include  lib           modules.order     security     vmlinux
build       Documentation   init     LICENSES      Module.symvers    sound        vmlinux-gdb.py
built-in.a  drivers         ipc      MAINTAINERS   net               System.map   vmlinux.o
certs       firmware        Kbuild   Makefile      README            tools
COPYING     fs              Kconfig  mm            samples           usr
```

图 3 - 12 Linux 内核源代码目录

Linux 内核源码目录中的每个子文件都具有特定的功能,下面分别给予介绍:

arch 子目录包含和硬件体系结构相关的代码,每个架构的 CPU 都对应一个目录,如 i386、arm、arm64、powerpc、mips 等;arch/mach 子目录存放具体的 machine/board 相关的代码;arch/boot/dts 子目录存放对应开发平台的设备树文件;arch/include/asm 子目录存放体系结构相关的头文件。

drivers 子目录包含设备驱动(设备驱动占了内核 50% 的代码量),每一类的驱动对应一个子目录,如 drivers/block 为块设备驱动、drivers/char 为字符设备驱动程序、driver/mtd 为 NOR Flash/Nand Flash 等存储设备的驱动。

include 子目录存放与硬件平台无关,与系统相关的头文件。

lib 子目录存放实现需要在内核中使用的公用的库函数,例如 printk 等。

init 子目录存放内核初始化代码。内核引导后运行的第一个函数 start_kernel() 就位于 init/main.c 文件中。

kernel 子目录存放 Linux 内核的核心代码,包含了进程调度子系统,以及和进程调度相关的模块,而和处理器相关的部分代码则放在 arch/*/kernel 目录下。

ipc 子目录存放 IPC(进程间通信)子系统的源代码。

mm 子目录存放内存管理子系统的源代码,和处理器体系结构无关。而和处理器相关的一部分代码放在 arch/*/mm 目录下。

fs 子目录存放 VFS 子系统的源代码。

net 子目录存放各种网络子系统的源代码,即实现各种常见的网络协议源代码,但是网络设备的驱动程序是放在 drivers 目录下的,而不是放在本目录下。

block 子目录存放块设备子系统的源代码,但不包括块设备的驱动程序。

sound 子目录存放音频相关的驱动及子系统,可以看作"音频子系统"。

crypto 子目录存放加密、解密相关的库函数。

security 子目录存放提供安全特性(SELinux)的代码。

virt 子目录存放提供虚拟化技术(KVM 等)支持的代码。

usr 子目录存放用于生成 initramfs 的代码。(实现用于打包和压缩的 cpio 等)

firmware 子目录用于保存用于第三方设备的固件。

samples 子目录存放一些示例代码。

tools 子目录存放一些常用工具,如性能剖析、自测试等。

scripts 子目录用于内核编译的配置文件、脚本等。(Kconfig,Kbuild,Makefile)

Documentation 子目录存放内核帮助文档。(文档手册相关目录,想了解 Linux 某个功能模块或驱动架构的功能,先在 Documentation 目录中查找有没有对应的文档)

Linux 源码目录下还有一些非目录文件,这些文件用于配置 Linux 内核的组件。配置文件如下:

Makefile 文件是 Linux 源码的顶层 make 文件,用于控制整个内核代码的编译;Kbuild 用于编译时被 Makefile 读取;Kconfig 文件是图形化配置界面的配置文件。

另外一些存在于源码目录的文件,不是配置文件,用于说明内核的一些相关信息,这些文件如下:

README 文件是内核的说明文档;. gitignore 文件是 git 工具相关文件;. mailmap 是邮件列表文件;COPYING 是版权声明文件;CREDITS 是 Linux 贡献者名单文件;MAINTAINERS 是维护者名单文件;REPORTING-BUGS 是 BUG 上报指南文件。

编译内核后,会生成如下文件:

. config 文件,该文件是 Linux 最终使用的配置文件,编译 Linux 的时候会读取此文件中的配置信息。最终根据配置信息来选择编译 Linux 哪些模块、哪些功能。

System. map 文件:该文件是符号表。

vmlinux 文件:该文件是编译出来的、未压缩的 ELF 格式 Linux 内核文件。

vmlinux. o 文件:该文件是编译生成中间文件。

Module. xx / modules. xx 文件:这些文件与内核模块有关。

3.2　Linux 系统调用及文件 I/O 编程

本节主要介绍 Linux 系统调用及文件 I/O 编程相关的内容。通过本节的学习,读者应该理解文件描述符的用途以及什么是系统调用,并能够完成 Linux 文件 I/O 编程实验。

3.2.1　文件描述符

1. Linux 中的文件

与 Windows 不同,Linux 操作系统都是基于文件概念的(Linux 一切皆文件)。比如:存储数据的文件、可以运行的二进制程序、层次化的目录结构等。这些文件都是使用基于磁盘硬件的文件系统(比如 ext2/3/4、xfs 等)来管理的,就是说它们都是存储在真实磁盘设备上的。在 Linux 中大部分文件都是这种类型的。

操作设备的文件:文件是以字符序列构成的信息载体,根据这一点,可以把 I/O 设备当作文件来处理。因此,与磁盘上的普通文件进行交互所用的同一系统调用可以直接用于 I/O 设备。这样大大简化了系统对不同设备的处理,提高了效率,这类文件如磁盘设备、串口、键盘、声卡,等等。

还有一部分文件是虚拟文件,并不存储在真实的磁盘硬件设备上,例如:sys、proc、cgroup 等。这些虚机文件是内核运行时生成的,从而提供了从用户态通过 VFS 来和内核态通信的方式。

因此,在 Linux 操作系统中,常说"一切皆文件(Everything is a file)",虽然有一些例外,但在 Linux 上大部分资源确实都是文件,而且都是通过 VFS 来访问的。

Linux 系统的文件类型如下:

① 普通文件(regular file):就是一般存取的文件,由 ls −al 显示出来的属性中,第一个属性为 [-],例如 [- rwxrwxrwx]。另外,依照文件的内容,又大致可以分为纯文本文件、二进制文件和数据格式文件三种。

纯文本文件(ASCII):这是 Unix 系统中最多的一种文件类型,之所以称为纯文本文件,是因为内容可以直接读到的数据,例如数字、字母等。设置文件几乎都属于这种文件类型。举例来说,使用命令"cat ~/. bashrc"就可以看到该文件的内容(cat 是将文件内容读出来)。

二进制文件(binary):系统其实仅认识且可以执行二进制文件(binary file)。Linux 中的可执行文件(脚本,文本方式的批处理文件不算)就是这种格式的。举例来说,命令 cat 就是一个二进制文件。

数据格式的文件(data):有些程序在运行过程中,会读取某些特定格式的文件,那些特定格式的文件可以称为数据文件(data file)。举例来说,Linux 在用户登录时,都会将登录数据记录在 /var/log/wtmp 文件内,该文件是一个数据文件,它能通过 last 命令读出来。但使用 cat 时,会读出乱码,因为它是属于一种特殊格式的文件。

② 目录文件(directory):就是目录,第一个属性为 [d],例如 [drwxrwxrwx]。

③ 连接文件(link):类似 Windows 下面的快捷方式。第一个属性为 [l],例如 [lrwxrwxrwx]。

④ 设备文件(device):与系统外设及存储等相关的一些文件,通常都集中在/dev 目录下。通常又分为块设备文件和字符设备文件两种。

- 块设备文件:就是存储数据以供系统存取的接口设备,简单而言就是硬盘。例如一号硬盘的代码是 /dev/hda1 等文件。第一个属性为 [b]。
- 字符设备文件:即串行端口的接口设备,例如键盘、鼠标等等。第一个属性为 [c]。

⑤ 套接字(sockets):这类文件通常用于网络数据连接。可以启动一个程序来监听客户端的要求,客户端就可以通过套接字来进行数据通信。第一个属性为[s],最常在 /var/run 目录中看到这种文件类型。

⑥ 管道(FIFO pipe):FIFO 也是一种特殊的文件类型,它主要的目的是,解决多个程序同时存取一个文件所造成的错误。FIFO 是 first-in-first-out(先进先出)的缩写。第一个属性为[p]。

为了支持各种各样文件系统,Linux 在用户进程和文件系统实例中间引入了一个抽象层,对不同文件系统的访问都使用相同的方法,并提供了文件的统一视图。不同的文件系统的底层实现方式可能有很大的差异,但 VFS 并不关心这些。通过提供公共组件和统一框架,VFS 对上层系统调用屏蔽了具体文件系统实现之间的差异性,为所有文件的访问提供了相同的 API,并遵循相同的调用语义。VFS 的结构如图 3－13 所示。

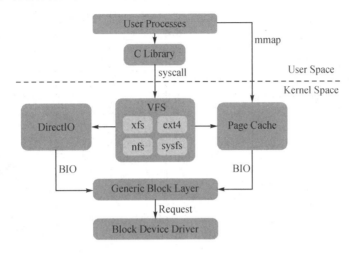

图 3－13　虚拟文件系统示意图

2. 文件描述符

(1) 文件描述符的概念

文件描述符是一个非负整数,当打开一个已有文件或创建一个新文件时,内核向进程返回一个文件描述符。当读、写一个文件时,用 open 或 create 返回的文件描述符标识该文件,将其作为参数传给 read 或 write。

在 POSIX 应用程序中,标准输入、标准输出、标准错误使用整数 0、1、2 表示,整数 0、1、2 被替换成符号常数 STDIN_FILENO、STDOUT_FILENO 和 STDERR_FILENO。这些常数都定义在头文件＜unistd.h＞中。文件描述符的范围是 0－OPEN_MAX。Linux 为 1 024。

举例:每当进程用 open() 函数打开一个文件,内核便会返回该文件的文件操作符(一个非负的整型值),此后所有对该文件的操作,都会以返回的 fd 文件操作符为参数。

```
fd = open(pathname, flags, mode)
// 返回了该文件的 fd
rlen = read(fd, buf, count)
// I/O 操作均需要传入该文件的 fd 值
wlen = write(fd, buf, count)
status = close(fd)
```

(2) 文件描述符表

Linux 系统中,把一切都看作是文件,当进程打开现有文件或创建新文件时,内核向进程返回一个文件描述符,文件描述符就是内核为了高效管理已被打开的文件所创建的索引,用来指向被打开的文件,所有执行 I/O 操作的系统调用都会通过文件描述符。文件描述符表的结构如 3 - 14 所示。

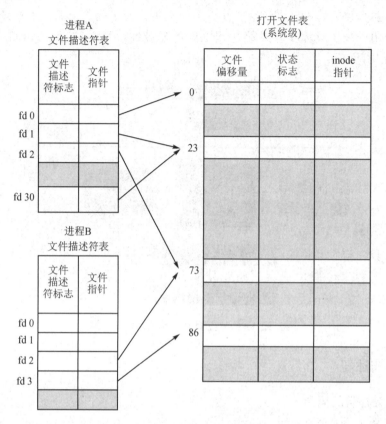

图 3 - 14　文件描述符表结构示意图

3.2.2　文件 I/O 与标准 I/O

1. Linux 系统编程

（1）Linux 系统编程概述

典型的嵌入式产品的研发过程有两大步。第一步是让某个系统在硬件上跑起来（系统移植、设备驱动）；第二步是基于这个系统来开发应用程序，实现产品功能。

基于系统来开发应用程序实现产品功能，其实就是通过调用系统的 API 和一些库来进行编程。在 Linux 系统上一切皆文件，所以 Linux 系统应用编程主要就是对文件进行操作。

Linux 下对文件操作有两种方式：系统调用（system call）和库函数调用（library functions）。系统调用是通向操作系统本身的接口，是面向底层硬件的。通过系统调用，可以使用户态运行的进程与硬件设备（如 CPU、磁盘、打印机等）进行交互，是操作系统留给应用程序的一个接口。库函数调用是把函数放到库里，供别人使用的一种方式。方法是把一些常用到的函数编完放到一个文件里，供不同的人进行调用。一般放在 .lib 文件中。

系统调用对应的是文件 I/O 操作、库函数对应的是标准 I/O 操作。其中文件 I/O 操作直接调用内核提供的系统调用函数；标准 I/O 操作则是间接调用系统调用函数。Linux 系统对文件操作两种方式的关系如图 3-15 所示。

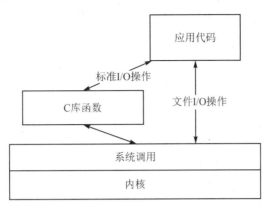

图 3-15　Linux 下对文件操作示意图

(2) 文件 I/O 操作与标准 I/O 操作

Linux 文件 I/O 操作有两套大类的操作方式:不带缓存的文件 I/O 操作,带缓存的标准 I/O 操作。其中不带缓存的属于直接调用系统调用(system call)的方式,高效完成文件输入/输出。它以文件标识符(整型)作为文件唯一性的判断依据。这种操作不是 ANSI-C 标准的,与系统有关,移植有一定的问题。带缓存的是在不带缓存的基础之上封装了一层,维护了一个输入/输出缓冲区,使之能跨 OS,成为 ANSI-C 标准,称为标准 I/O 库。

不带缓存的方式频繁进行用户态和内核态的切换,高效但是需要程序员自己维护;带缓冲的方式因为有了缓冲区,不是非常高效,但是易于维护。由此,不带缓冲区的通常用于文件设备的操作(文件 I/O),而带缓冲区的通常用于普通文件的操作(标准 I/O),二者之间对比如表 3-2 所列。

表 3-2　文件 I/O 与标准 I/O 对比

类　别	文件 I/O	标准 I/O
定义	文件 I/O 是不带缓冲的 I/O,是系统提供的 API	标准 I/O 是带缓冲的 I/O,是一个标准 C 函数库
头文件	<unistd. h>	<stdio. h>
函数	man 2 open	man 3 fopen
标准	POSIX 标准	ANSI-C 标准
缓冲	通过文件 I/O 读/写文件时,每次操作都会执行相关系统调用。这样处理的好处是直接读/写实际文件,坏处是频繁的系统调用会增加系统开销	标准 I/O 可以看成在文件 I/O 的基础上封装了缓冲机制。先读/写缓冲区,必要时再访问实际文件,从而减少了系统调用的次数
文件	文件 I/O 中用文件描述符表现一个打开的文件,可以访问不同类型的文件,如普通文件、设备文件和管道文件等	标准 I/O 中用 FILE(流)表示一个打开的文件,通常只用来访问普通文件

说明：Linux 中使用的是 glibc 库，它是标准 C 库的超集。不仅包含 ANSI‐C 中定义的函数，还包括 POSIX 标准中定义的函数。因此，Linux 下既可以使用标准 I/O，也可以使用文件 I/O。

2. I/O 常见函数

(1) 文件 I/O 常见函数

常用的文件 I/O 函数有 5 个：open、close、read、write、ioctl，可以通过 man 2 查看对应参数。

1）open 函数

open 函数用于创建一个新文件或打开一个已有文件，返回一个非负的文件描述符 fd。

```
# include <sys/types.h>
# include <sys/stat.h>
# include <fcntl.h>

//成功返回文件描述符,失败返回 - 1
int open(const char * pathname, int flags, ... / * mode_t mode * /);
```

flags 参数通常取 O_RDONLY、O_WRONLY 和 O_RDWR 中一个，还可以根据需要选取以下值：

- O_CREAT：若文件不存在则创建它，此时需要第三个参数 mode，mode 用于指定创建新文件的权限。
- O_APPEND：每次写时都追加到文件的尾端。
- O_NONBLOCK：如果 pathname 对应的是 FIFO、块特殊文件或字符特殊文件，则该命令使 open 操作及后续 I/O 操作设定为非阻塞模式。

2）close 函数

close 函数用于关闭一个已打开文件。

```
# include <unistd.h>

//成功返回 0,失败返回 - 1
int close( int fd);
```

进程终止时，内核会自动关闭它所有的打开文件，应用程序经常利用这一点而不显式关闭文件。

3）read 函数

read 函数用于从文件中读数据。

```
# include <unistd.h>

//成功返回读到的字节数;若读到文件尾则返回 0;失败返回 - 1
ssize_t read( int fd, void * buf, size_t count);
```

read 操作从文件的当前偏移量处开始，在成功返回之前，文件偏移量将增加实际读到的字节数。有几种情况可能导致实际读到的字节数少于要求读的字节数：

- 读普通文件时,在读到要求字节数之前就到达了文件尾。例如,离文件尾还有 30 字节,要求读 100 字节,则 read 返回 30,下次在调用 read 时会直接返回 0。
- 从网络读时,网络中的缓冲机制可能造成返回值少于要求读的字节数。

4) write 函数

write 函数用于向文件写入数据。

```
# include <unistd.h>

//成功返回写入的字节数,失败返回 -1
ssize_t write(int fd, const void * buf, size_t count);
```

write 的返回值通常与参数 count 相同,否则表示出错。对于普通文件,write 操作从文件的当前偏移量处开始;若指定了 O_APPEND 选项,则每次写之前先将文件偏移量设置到文件尾,成功写入之后,文件偏移量增加实际写的字节数。

5) ioctl 函数

ioctl 函数提供了一个用于控制设备及其描述符行为和配置底层服务的接口。ioctl 是设备驱动程序中设备控制接口函数,一个字符设备驱动通常会实现设备打开、关闭、读、写等功能,在一些需要细分的情境下,如果需要扩展新的功能,通常以增设 ioctl() 命令的方式实现。

```
# include <sys/ioctl.h>

//出错返回 -1,成功返回其他值
int ioctl(int fd, int cmd, ...);
```

ioctl 对描述符 fd 引用的对象执行由 cmd 参数指定的操作;每个设备驱动程序都可以定义它自己专用的一组 ioctl 命令。

(2) 标准 I/O 常见函数

常用的标准 I/O 函数分为几大类:

- 打开和关闭流;
- 定位流;
- 读写流(包括文本 I/O、二进制 I/O 和格式化 I/O 三种)。

1) 打开和关闭流

```
//成功返回文件指针,失败返回 NULL
FILE * fopen(const char * pathname, const char * type);

//成功返回 0,失败返回 EOF
void fclose(FILE * fp);
```

fopen 打开一个文件,文件的路径和名称由该函数的 pathname 参数提供;文件读/写方式由函数的 type 参数指定。Windows 中,文本文件只读、只写、读写分别为"r""w""rw",二进制文件只读、只写、读/写分别为"rb""wb""rb+";Linux 内核不区分文本和二进制文件,因此在 Linux 系统下使用字符 b 实际上没有作用,只读、只写、读/写分别指定为"r""w""rw"即可;只读方式要求文件必须存在,只写或读/写方式会在文件不存在时创建。

fclose 关闭文件,关闭前缓冲区中的输出数据会被刷洗(写入文件),输入数据则丢弃。

2) 定位流

流的定位类似于系统调用 I/O 中获取当前文件偏移量,ftell 和 fseek 函数可用于定位流。

```
//成功返回当前文件位置,出错返回-1
int ftell(FILE * fp);


//成功返回0,失败返回-1
void fseek(FILE * fp, long offset, int whence);
```

offset 和 whence 含义及可设的值与系统调用 I/O 中的 lseek 相同,不再赘述;但如果在非 Linux 系统,则有一点需要注意:对于二进制文件,文件位置严格按照字节偏移量计算,但对于文本文件可能并非如此;定位文本文件时,whence 必须是 SEEK_SET,且 offset 只能是 0 或 ftell 返回值。

3) 文本 I/O

文本 I/O 有两种:每次读写一个字符或每次读/写一行字符串。

● 每次读/写一个字符

```
/*
 * 每次读/写一个字符
 */


//成功返回下一个字符,到达文件尾或失败返回 EOF
int getc(FILE * fp);          //可能实现为宏,因此不允许将其地址作为参数传给另一个函数,
                              //因为宏没有地址
int fgetc(FILE * fp);         //一定是函数
int getchar();                //等价于 getc(stdin)


//成功返回 c,失败返回 EOF
int putc(int c, FILE * fp);   //可能实现为宏,因此不允许将其地址作为参数传给另一个函数,因为
                              //宏没有地址
int fputc(int c, FILE * fp);  //一定是函数
int putchar(int c);           //等价于 putc(c, stdout)
```

● 每次读/写一行字符串

```
/*
 * 每次读/写一行字符串
 */


//成功返回 str,到达文件尾或失败返回 EOF
char * fgets(char * str, int n, FILE * fp); //从 fp 读取直到换行符(换行符也读入),str 必须以
                                            //'\0' 结尾,故包括换行符在内不能超过 n-1 个字符


//成功返回非负值,失败返回 EOF
int fputs(const char * str, FILE * fp);     //将字符串 str 输出到 fp,str 只要求以 '\0' 结尾,不一
                                            //定含有换行符
```

4）二进制 I/O

二进制 I/O 就是 fread 和 fwrite。

```
//返回读或写的对象数
size_t fread(void * ptr, size_t size, size_t nobj, FILE * fp);
size_t fwrite(const void * ptr, size_t size, size_t nobj, FILE * fp);
```

二进制 I/O 常见的用法包括：读/写一个二进制数组或读/写一个结构。这两种用法结合起来，还可以实现读/写一个结构数组。

```
struct Item
{
    int id;
    char text[100];
};

int data[10];
struct Item item;
struct Item item[10];

//读/写二进制数组
fread(&data[2], sizeof(int), 4, fp);
fwrite(&data[2], sizeof(int), 4, fp);

//读/写结构
fread(&item, sizeof(item), 1, fp);
fwrite(&item, sizeof(item), 1, fp);

//读/写结构数组
fread(&item, sizeof(item[0]), sizeof(item) / sizeof(item[0]), fp);
fwrite(&item, sizeof(item[0]), sizeof(item) / sizeof(item[0]), fp);
```

5）格式化 I/O

格式化 I/O 包括输入函数族和输出函数族，这里剔除了不常用的与文件指针 fp、文件描述符 fd 相关的 API，仅保留常用的 3 个输出函数和 2 个输入函数。

```
//成功返回输出或存入 buf 的字符数(不含 '\0')，失败返回负值
int printf(const char * format, ...);
int sprintf(char * buf, const char * format, ...);
int snprintf(char * buf, size_t n, const char * format, ...);
```

sprintf 和 snprintf 会自动在 buf 末尾添加字符串结束符 '\0'，但该字符不包括在返回值中。snprintf 要求调用者保证缓冲区 buf 长度 n 足够大。

```
//成功返回输入的字符数，到达文件尾或失败返回 EOF
int scanf(const char * format, ...);
int sscanf(const char * buf, const char * format, ...);
```

说明:sscanf 在实际工程中有一个实用的小技巧:串口接收的一条报文,可以根据串口协议,使用 sscanf 提取各个字段,从而快速便捷地进行报文解析。

3.2.3 系统调用与 POSIX 标准

1. 系统调用

(1) 什么是系统调用

操作系统负责管理和分配所有的计算机资源。为了更好地服务于应用程序,操作系统提供了一组特殊接口——系统调用。通过这组接口用户程序可以使用操作系统内核提供的各种功能。例如分配内存、创建进程、实现进程之间的通信等。

(2) 什么是库函数

库函数可以说是对系统调用的一种封装,因为系统调用面对的是操作系统,系统包括 Linux、Windows 等,如果直接进行系统调用,会影响程序的移植性,所以这里使用了库函数,比如说 C 库,这样只要系统中安装了 C 库,就可以使用这些函数,比如 printf()、scanf()等,C 库相当于对系统函数进行了翻译,使我们的 APP 可以调用这些函数。

(3) 系统调用与库函数

系统调用与库函数调用流程如图 3 - 16 所示。

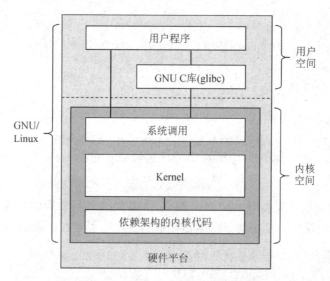

图 3 - 16　系统调用与库函数调用流程图

库函数是 C 语言或应用程序的一部分,而系统调用是内核提供给应用程序的接口,属于系统的一部分。库函数在用户地址空间执行,系统调用是在内核地址空间执行,库函数运行时间属于用户时间,系统调用属于系统时间;库函数调用开销较小,系统调用开销较大。系统调用依赖于平台,库函数并不依赖平台。库函数调用和系统调用的对比如表 3 - 3 所列。

表 3 - 3　库函数调用与系统调用对比

类　　别	库函数调用	系统调用
定义差别	在所有的 ANSI C 编译器版本中,C 库函数都是相同的	各个操作系统的系统调用是不同的
调用差别	调用函数库中一段程序(或函数)	调用系统内核服务
与系统关系	与用户程序相联系	操作系统的一个入口点
运行空间	在用户地址空间执行	在内核地址空间执行
运行时间	运行时间属于"用户时间"	运行时间属于"系统时间"
开销	属于过程调用,开销较小	需要在用户空间和内核上下文环境间切换,开销较大
个数	在 C 函数库 libc 中大约有 300 个函数	在 Linux 中有 100 多个系统调用
典型调用	fprintf、fread、malloc……	chdir、fork、write、brk……

2. POSIX 标准

POSIX 是可移植操作系统接口(Portable Operating System Interface of Unix)的英文缩写,是一个 IEEE 1003.1 标准,其定义了应用程序、命令行 Shell、实用程序接口(API)和 Unix 操作系统之间的语言接口。该标准的目的是定义标准的、基于 Unix 操作系统的系统接口和环境来支持源代码级的可移植性。

不同内核提供的系统调用是不同的。例如:创建进程,Linux 下是 fork 函数,Windows 下是 creatprocess 函数。如果在 Linux 下写一个程序,用到 fork 函数,那么这个程序该怎么往 Windows 上移植呢?编程者需要把源代码里的 fork 改成 creatprocess,然后重新编译。

POSIX 标准的出现就是为了解决这个问题。例如:Linux 和 Windows 都按 posix 标准实现了创建进程的函数,Linux 把 fork 函数封装成 posix_fork(这里为举例随便起的名字),Windows 把 creatprocess 函数也封装成 posix_fork,都声明在 unistd.h 里。这样,程序员编写普通应用程序的时候,只用包含 unistd.h,调用 posix_fork 函数,程序就在源代码级别可移植了。

3.3　Linux 内核模块编程

本节主要介绍与 LInux 内核模块编程相关的内容。通过本节的学习,读者应该理解内核编程与用户态编程的区别,理解内核模块的作用,并掌握内核模块的编程、编译以及运行方法。

3.3.1　内核模块概述

1. 内核模块

(1) 内核模块的作用

内核模块是具有独立功能的程序。它可以被单独编译,但是不能单独运行,它的运行必须被链接到内核且作为内核的一部分在内核空间中运行。模块编程和内核版本密切相连,因为不同的内核版本中某些函数的函数名会有变化,因此模块编程也可以说是内核编程。模块本身不被编译进内核映像,从而控制了内核的大小;模块一旦被加载,就和内核中的其他部分完全一样。

(2) 内核模块编程注意事项

- 内核的 C 语言标准为 GNU C;
- 内核中不能使用 libc 库;
- 内核中不要使用浮点运算;
- 内核代码尽量写得可移植性强;
- 内核编程中随时并发和竞态的情况。

2. 编程三要素

下面以 C 语言的第一个程序"hello world"为例介绍编程的三要素。

(1) 编　程

编写入口和 API。

```
#include <stdio.h>
int main(void)
{
    printf("hello world\n");
    return 0;
}
```

(2) 编　译

编译为目标平台可执行的文件。

```
gcc -o hello hello.c
```

(3) 运　行

把执行文件放到目标平台运行起来。

```
./hello
```

3.3.2　内核模块编程三步法

1. 编程:内核模块编程

(1) 第一个内核程序

几乎所有程序员在学习一门新语言时都会编写的程序:输出"hello world",本小节的目标是在内核态编程输出"hello world"。下面是一段完整的内核代码示例,然后逐步拆解代码,了解内核态编程的世界。

```
# include <linux/init.h>
# include <linux/module.h>

static int test_init(void)
{
        printk("hello world\n");
        return 0;
}
static void test_exit(void)
{
        printk("bye\n");
}

module_init(test_init);
module_exit(test_exit);

MODULE_LICENSE("GPL");
```

（2）内核程序分析

1）加载/卸载模块

● 模块加载：module_init

```
int test_init(void)
{
        ...
        return 0;
}
module_init(test_init);
```

说明：该模块的作用是告诉内核你编写模块程序从哪里开始执行，module_init()中的参数就是入口函数的函数名。

● 模块卸载：module_exit

```
void test_exit(void)
{
        ...
}
module_exit(test_exit);
```

说明：该模块的作用是告诉内核你编写模块程序从哪里离开，module_exit()中的参数名就是卸载函数的函数名。

2）头文件

```
# include <linux/init.h> //init&exit 相关宏
# include <linux/module.h> //所有模块都需要的头文件
```

注意：由于内核层编程和用户层编程所用的库函数不一样，所以它的头文件和我们在用户层编写程序时所用的头文件也不一样。其中内核层头文件的位置为/usr/src/linux - x. y. z/include/,用户层头文件的位置为/usr/include/。

3）打印函数

printk 是内核态信息打印函数,功能和标准 C 库的 printf 类似。不同的 printk 可以附加不同的日志级别,从而可以根据消息的严重程度分类。

● 内核日志

printk 打印的信息通过内核日志查看:

```
方法一:运行命令 dmesg
方法二:cat /var/log/messages
```

● 显示级别

通过下面的命令查看当前控制台的显示级别:

```
cat /proc/sys/kernel/printk
```

该文件有 4 个数字值,它们根据日志记录消息的重要性,定义将其发送到何处。上面显示的 4 个数据分别对应如下:

● 控制台日志级别:优先级高于该值的消息将被打印到控制台;
● 默认的消息日志级别:将用该优先级来打印没有优先级的消息;
● 最低的控制台日志级别:控制台日志级别可被设置的最小值(最高优先级);
● 默认的控制台日志级别:控制台日志级别的缺省值。

以上的数值设置,数值越小,优先级越高。

上面这 4 个值的定义在 kernel/printk. c,如图 3 - 17 所示。

```
int console_printk[4] = {
    CONSOLE_LOGLEVEL_DEFAULT,    /* console_loglevel */
    MESSAGE_LOGLEVEL_DEFAULT,    /* default_message_loglevel */
    CONSOLE_LOGLEVEL_MIN,        /* minimum_console_loglevel */
    CONSOLE_LOGLEVEL_DEFAULT,    /* default_console_loglevel */
};
```

图 3 - 17 printk. c 文件

如果需要在系统的终端处修改显示级别,可以通过下面的命令:

```
echo 7 4 1 7 >/proc/sys/kernel/printk
```

● 打印级别

内核通过 printk()输出的信息具有日志级别,内核中提供了 8 种不同的日志级别,在 linux/kernel_levels. h 中有相应的宏定义,如下:

```
KERN_EMERG    "<0>":紧急情况
KERN_ALERT    "<1>":需要立即被注意到的错误
KERN_CRIT     "<2>":临界情况
KERN_ERR      "<3>":错误
KERN_WARNING  "<4>":警告
KERN_NOTICE   "<5>":注意
```

```
KERN_INFO   "<6>"：非正式的消息
KERN_DEBUG "<7>"：调试信息（冗余信息）
```

因此，printk()可以像下面这样来使用：

```
printk(KERN_INFO"Hello World\n");
```

当未指定日志级别的 printk()采用默认的级别是 DEFAULT_MESSAGE_LOGLEVEL 时，这个宏定义为整数 4。

如果想要在内核启动过程中打印少的信息，可以根据自己的需要在 kernel/printk.c 中修改以上的数值，重新编译后，烧写内核镜像。

4）模块声明

```
MODULE_LICENSE("GPL");
```

模块声明描述内核模块的许可权限，如果不声明 LICENSE，模块被加载时，将收到内核的警告。

声明习惯上放在文件最后，可以用 modinfo 查看模块声明信息。

2. 编译：内核模块编译

（1）模块编译 Makefile

```
obj-m := file.o

KDIR := /lib/modules/$(shell uname -r)/build

all:
    make -C $(KDIR) M=$(PWD) modules
clean:
    make -C $(KDIR) M=$(PWD) clean
```

注意：all 和 clean 下面的命令要严格用"tab"。

说明：如果是交叉编译，通过 CROSS_COMPILE 指定交叉编译器、ARCH 指定体系结构。例如：make -C $(KDIR) M=$(PWD) module CROSS_COMPILE=/xx/gcc-6.3-arm64-linux/bin/aarch64-linux-gnu- ARCH=arm64。

（2）Makefile 说明

Makefile 的参数说明如表 3-4 所列。

表 3-4 **Makefile 参数说明**

参　数	说　明
obj-m	obj-m := file.o 表示编译连接后将生成 file.ko 模块
KDIR	/lib/modules/$(shell uname -r)/build 是内核 Kbuild Makefile 路径。 Linux 系统使用 Kbuild Makefile 来编译内核或模块。 其路径中 $(shell uname -r)是调用 shell 命令显示内核版本

参　数	说　明
-C＄KDIR M＝＄PWD	-C 指定内核 Kbuild Makefile 所在路径。 M=指定模块所在路径,＄PWD 为当前所在路径。 详细介绍参考内核文档/kbuild/modules. txt
target	make 命令生成的内容,示例如下: make modules:编译模块。 make clean:清除模块编译产生的文件,相当于 rm -f ＊. ko ＊. o ＊. mod. o ＊. mod. c ＊. symvers ＊. order。 make modules_install:拷贝安装模块到指定目录

(3) 编译模块

在模块代码和模块 Makefile 所在目录执行"make"。

3. 运行:内核模块加载

(1) 加载/卸载模块

1) 加载模块

```
sudo insmod test.ko
```

2) 卸载模块

```
sudo rmmod hello
```

注意: rmmod 后面要加用 lsmod 查看到的模块名字"test"而不是"test. ko"。

(2) 查看内核日志

运行命令:dmesg

内核日志显示信息如下:

```
[156596.317933] hello world.
[156604.933930] hello exit!
```

(3) 模块相关命令

查看本机模块:lsmod。

查看模块信息:modinfo。

3.4　Linux 设备驱动基础与接口实现

本节主要介绍 Linux 设备驱动基础与接口实现相关的内容。通过本节的学习,读者应该理解 Linux 设备驱动基础概念(设备类型、设备文件),理解 Linux 字符设备驱动重要结构体,理解 Linux 字符设备驱动工作流程,掌握 Linux 字符设备驱动注册方法,并掌握 Linux 字符设备驱动接口的实现方法。

3.4.1　Linux 设备驱动基础

1. 设备驱动

(1) 设备驱动概述

在任何一个计算机系统中,大至服务器、PC,小至手机、mp3/mp4 播放器,无论是复杂的大型服务器系统还是一个简单的流水灯单片机系统,都离不开驱动程序的身影。没有硬件的软件是空中楼阁,没有软件的硬件只是一堆废铁,硬件是底层的基础,是所有软件得以运行的平台,代码最终会落实到硬件上的逻辑组合。

硬件与软件之间存在一个悖论:为了快速、优质地完成软件功能设计,应用软件程序工程师不想也不愿关心硬件,而硬件驱动工程师也很难有时间去处理软件开发中的一些应用代码。例如:软件工程师在调用 printf 时,不用关心信息到底是如何处理的,走过哪些通路,如何显示在期望的位置,硬件工程师在写完一个 4×4 键盘驱动后,无须也不必管应用程序在获得键值后做哪些处理及操作。

设备驱动的功能如图 3 - 18 所示。

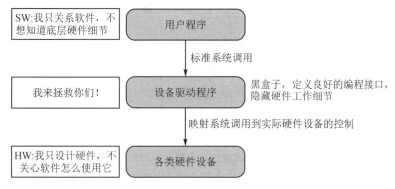

图 3 - 18　设备驱动功能

软件工程师需要看到一个没有硬件的纯软件世界,硬件必须透明地提供给他,谁来实现这一任务?答案是驱动程序。驱动程序从字面解释就是:"驱使硬件设备行动"。驱动程序直接与硬件打交道,按照硬件设备的具体形式,驱动设备的寄存器,完成设备的轮询、中断处理、DMA 通信,最终让通信设备可以收发数据,让显示设备能够显示文字和画面,让音频设备可以完成声音的存储和播放。

设备驱动程序充当了硬件和软件之间的枢纽,因此驱动程序的表现形式就是一些标准的、事先协定好的 API 函数,驱动工程师只需要去完成相应函数的填充,应用工程师只需要调用相应的接口完成相应的功能。

1) 无操作系统的设备驱动

在裸机情况下,工作环境比较简单,完成的工作较单一,驱动程序完成的功能也就比较简单,同时接口只要在小范围内符合统一的标准即可。无操作系统的设备驱动结构如图 3 - 19 所示。

2) 有操作系统的设备驱动

在有操作系统的情况下,此问题就会被放大,硬件来自不同的公司,千变万化,全世界每天都会有大量的新芯片被生产,大量的电路板被设计出来,如果没有一个很好的统一标准去规范这一程序,操作系统就会被设计得非常冗余,效率会非常低。

所以,无论任何操作系统,都会制定一套标准的架构去管理这些驱动程序,Linux 作为嵌入式操作系统的典范,其驱动架构具有很高的规范性与聚合性,不但把不同的硬件设备分门别类、综合管理,而且针对不同硬件的共性进行了统一抽象,将其硬件相关性降到最低,大大简化了驱动程序的编写,形成了具有其特色的驱动组织架构。有操作系统的设备驱动结构如图 3-20所示。

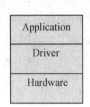

| Application |
| Lib API |
| System call |
| Embedded OS |
| Driver |
| Hardware |

图 3-19　无操作系统的设备驱动结构图　　　图 3-20　有操作系统的设备驱动结构图

(2) 驱动程序与应用程序

驱动程序的职责包括:对设备初始化和释放资源、把数据从内核传送到硬件和从硬件读取数据、读取应用程序传送给设备文件的数据和回送应用程序请求的数据、检测和处理设备出现的错误(底层协议)。

应用程序与驱动程序的区别如表 3-5 所列。

表 3-5　应用程序与驱动程序的区别

区别类型	应用程序	驱动程序
入口	以 main 开始	没有 main,它以一个模块初始化函数作为入口
执行	从头到尾执行一个任务	加载完成注册之后不再运行,等待系统调用
库	可使用 glibc 等标准 C 函数库	不能使用标准 C 库

驱动程序与应用程序的关系如表 3-6 所列。

表 3-6　驱动程序与应用程序的关系

应用程序	应用程序以文件的形式访问各种硬件设备,调用一系列函数库,对文件进行操作,完成不同功能
函数库	部分函数需要硬件操作或内核的支持,通过系统调用由内核完成对应功能
内核(系统调用)	内核处理系统调用,根据设备文件类型、设备号,调用设备驱动程序
驱动程序	实现对应系统调用 API,对硬件寄存器进行操作,驱使硬件设备行动

总结：设备驱动程序为应用程序屏蔽了硬件的细节，这样在应用程序看来，硬件设备只是一个设备文件，应用程序可以像操作普通文件一样对硬件设备进行操作。

(3) 固件工程师与应用工程师

Linux 软件工程师大致可分为 Linux 应用软件工程师(Application Software Engineer)和 Linux 固件工程师(Firmware Engineer)两个层次。

Linux 应用软件工程师主要利用 C 库函数和 Linux API 进行应用软件的编写。从事这方面的开发工作，主要需要掌握符合 Linux POSIX 标准的 API 函数及系统调用、Linux 的多任务编程技巧(多进程、多线程、进程间通信、多任务之间的同步互斥等)、嵌入式数据库、QT 图形编程等。Linux 固件工程师主要进行 Bootloader、Linux 的移植及 Linux 设备驱动程序的开发工作。

一般而言，固件工程师的要求要高于应用软件工程师，而其中的 Linux 设备驱动编程又是 Linux 程序设计中比较复杂的部分，究其原因，主要包括如下几个方面：

- 设备驱动属于 Linux 内核的部分，编写 Linux 设备驱动需要有一定的 Linux 操作系统内核基础；需要了解部分 Linux 内核的工作机制与系统组成。
- 编写 Linux 设备驱动需要对硬件的原理有相当的了解，大多数情况下我们是针对一个特定的嵌入式硬件平台编写驱动的。
- Linux 设备驱动中广泛涉及多进程并发、同步、互斥等，容易出现 bug；因为 Linux 本身是一个多任务的工作环境，不可避免地会出现在同一时刻对同一设备产生并发操作。
- 由于属于内核的一部分，Linux 设备驱动的调试也相当复杂。Linux 设备驱动没有一个很好的 IDE 环境进行单步、变量查看等调试辅助工具；Linux 驱动跟 Linux 内核工作在同一层次，一旦发生问题，很容易造成内核的整体崩溃。

2. 操作系统硬件设备接口

(1) 设备类型

Linux 系统将设备分成三种基本类型：字符设备、块设备、网络设备。

字符设备：字符(char)设备是一个能够像字节流(类似文件)一样被访问的设备。对字符设备发出读/写请求时，实际的硬件 I/O 操作一般紧接着发生。

块设备：一个块设备驱动程序主要通过传输固定大小的数据(一般为 512 B 或 1 KB)来访问设备。块设备通过 buffer cache(内存缓冲区)访问，可以随机存取，任何块都可以读/写，不必考虑它在设备的什么地方。

网络设备：访问网络接口的方法仍然是给它们分配一个唯一的名字(比如 eth0)，但这个名字在文件系统中不存在对应的节点。内核调用一套和数据包传输相关的函数(socket 函数)而不是 read、write 等。

字符设备和块设备的区别主要是传输数据大小以及是否有缓冲区。

(2) 设备文件

在 Linux 操作系统中，每个驱动程序在应用层的/dev 目录下都会有一个设备文件与它对应，并且该文件会有对应的主设备号和次设备号。

查看设备文件，每个设备文件都有其文件属性(c 或者 b)。可以使用如下命令查看：

```
ls /dev - l
```

使用 mknod 手工创建设备文件,命令如下:

```
mknod filename type major minor
```

(3) 设备号

用户进程是通过设备文件来与实际的硬件打交道的。每个设备文件都有两个设备号,第一个是主设备号,标识驱动程序。第二个是从设备号,标识使用同一个设备驱动程序的不同的硬件设备,比如:有两个软盘,就可以用从设备号来区分他们。设备文件的主设备号必须与设备驱动程序在登记时申请的主设备号一致,否则用户进程将无法访问驱动程序。

3.4.2 Linux 字符设备驱动

1. 基础概念

(1) 字符设备

字符设备通过字符(一个接一个的字符)以流方式向用户程序传递数据,就像串行端口那样。对字符设备发出读/写请求时,实际的硬件 I/O 操作一般紧接着发生。

(2) 字符设备文件

字符设备驱动通过操作/dev 目录下的字符设备文件在设备和用户应用程序之间交换数据,也可以通过它来控制实际的物理设备。这也是 Linux 的基本概念,一切皆文件。

```
创建字符设备文件:mknod /dev/test c 241 0
查看字符设备文件:ls - l /dev/test
crw - r - - r - -   241,   0 Nov 17 2013 /dev/test
```

(3) 字符设备驱动

字符设备驱动程序是内核源码中最常用的设备驱动程序。在 Linux 内核实现对一个设备的驱动一般要完成 2 件事:字符设备注册、字符设备操作。

2. 重要结构体

(1) inode 结构体

在 Linux 文件系统中,每个文件都用一个 struct inode 结构体来描述,这个结构体里面记录了这个文件的所有信息,例如文件类型和访问权限等。struct inode 结构体包括的重要成员如表 3 - 7 所列。

表 3 - 7 struct inode 结构体重要成员

成　　员	描　　述
dev_t i_rdev	设备文件的设备号
struct cdev * i_cdev	代表字符设备的数据结构

说明：内核使用 inode 结构体在内核内部表示一个文件。因此，它与表示一个已经打开的文件描述符的结构体（即 file 文件结构）是不同的，我们可以使用多个 file 文件结构表示同一个文件的多个文件描述符，但此时，所有的 file 文件结构都必须只能指向一个 inode 结构体。（struct inode 是代表一个"静态文件"，通常 struct inode 描述的是文件的静态信息，即这些信息很少会改变。）

（2）file 结构体

file 结构体指示一个已经打开的文件（设备对应于设备文件），每个打开的文件在内核空间都有一个相应的 struct file 结构体，它由内核在打开文件时创建，并传递给在文件上进行操作的任何函数，直至文件被关闭。如果文件被关闭，内核就会释放相应的数据结构。struct file 结构体包括的重要成员如表 3-8 所列。

表 3-8　struct file 结构体重要成员

成　员	描　述
fmode_t f_mode	此文件模式通过 FMODE_READ，FMODE_WRITE 识别了文件为可读的，可写的，或者是二者皆可。在 open 或 ioctl 函数中可能需要检查此域以确认文件的读/写权限，你不必直接去检测读或写权限，因为在进行 ioctl 等操作时内核本身就需要对其权限进行检测
loff_t f_pos	当前读/写文件的位置。如果想知道当前文件的当前位置，驱动可以读取这个值而不会改变其位置。对 read/write 来说，当其接收到一个 loff_t 型指针作为最后一个参数时，它们从 f_pos 指定的位置开始操作，并在操作后更新 f_pos。而 llseek 方法的目的就是用于改变文件的位置
unsigned int f_flags	文件标志，如 O_RDONLY、O_NONBLOCK 以及 O_SYNC。在驱动中还可以检查 O_NONBLOCK 标志查看是否有非阻塞请求。其他的标志较少使用。需特别注意的是，读/写权限的检查是使用 f_mode 而不是 f_flags
struct file_operations * f_op	与文件相关的各种操作。当应用程序需要对文件进行各种操作时，调用对应的系统调用 API，内核将与这个文件有关的系统调用 API 用这个成员里对应的函数指针来填充，从而实现应用对文件的打开，读/写等功能得以实现（file_operation 结构体详见：file_operations 结构体）
void * private_data	在驱动调用 open 方法之前，open 系统调用设置此指针为 NULL 值。你可以很自由地将其作为自己需要的一些数据域或者不管它。例如，你可以将其指向一个分配好的数据，但是必须记得在 file struct 被内核销毁之前在 release 方法中释放这些数据的内存空间。private_data 对于在系统调用期间保存各种状态信息是非常有用的

说明：struct file 是代表一个打开的"动态文件"，通常 struct file 描述的是动态信息，即在对文件操作的时候，struct file 中的信息经常会发生变化。典型的是 struct file 结构体中的 f_pos（记录当前文件的位移量），每次读/写一个普通文件时，f_ops 的值都会发生改变。

（3）chrdevs 结构体

通过数据结构 struct inode 中的 i_cdev 成员可以找到 cdev，而所有的字符设备都在 chrdevs 数组中。下面先看一下 chrdevs 的定义：

```
#define CHRDEV_MAJOR_HASH_SIZE 255
static DEFINE_MUTEX(chrdevs_lock);

static struct char_device_struct {
struct char_device_struct * next;
unsigned int major;
unsigned int baseminor;
int minorct;
char name[64];
struct cdev * cdev;
} * chrdevs[CHRDEV_MAJOR_HASH_SIZE];
```

可以看到全局数组 chrdevs 包含了 255（CHRDEV_MAJOR_HASH_SIZE 的值）个 struct char_device_struct 的元素，每一个对应一个相应的主设备号。

如果分配了一个设备号，就会创建一个 struct char_device_struct 的对象，并将其添加到 chrdevs 中；这样，通过 chrdevs 数组，我们就可以知道分配了哪些设备号。

通过 cat /proc/devices 可以看到哪些设备号被注册了。

（4）cdev 结构体

在 Linux 内核中，使用 cdev 结构体来描述一个字符设备。cdev 结构体的定义如下：

```
<include/linux/cdev.h>

struct cdev {
struct kobject kobj;
struct module * owner;
const struct file_operations * ops;
//成员 file_operations 来定义字符设备驱动提供给 VFS 的接口函数
//如常见的 open()、read()、write()等
struct list_head list; //内核链表
dev_t dev; //成员 dev_t 来定义设备号（分为主、次设备号）以确定字符设备的唯一性
unsigned int count; //次设备号个数
};
```

（5）file_operations 结构体

Linux 下的设备驱动程序被组织为一组完成不同任务的函数的集合，通过这些函数使得设备操作犹如文件一般。在应用程序看来，硬件设备只是一个设备文件，应用程序可以像操作普通文件一样对硬件设备进行操作，如 open()、close()、read()、write()等。file_operations 是把系统调用和驱动程序关联起来的关键数据结构。这个结构体的每一个成员都对应着一个系统调用 API。

用户进程利用在对设备文件进行诸如 read/write 操作的时候，系统调用通过设备文件的主设备号找到相应的设备驱动程序，然后读取这个数据结构相应的函数指针，接着把控制权交给该函数，这是 Linux 的设备驱动程序工作的基本原理。struct _file_operations 是在 fs.h 这个文件中被定义的，如下所示：

```
struct file_operations {
    struct module * owner;//拥有该结构的模块的指针,一般为 THIS_MODULES
    loff_t ( * llseek) (struct file *, loff_t, int);//用来修改文件当前的读写位置
    ssize_t ( * read) (struct file *, char __user *, size_t, loff_t *);//从设备中同步读取数据
    ssize_t ( * write) (struct file *, const char __user *, size_t, loff_t *);//向设备发送数据
    ssize_t ( * aio_read) (struct kiocb *, const struct iovec *, unsigned long, loff_t);
    //初始化一个异步的读取操作
    ssize_t ( * aio_write) (struct kiocb *, const struct iovec *, unsigned long, loff_t);
    //初始化一个异步的写入操作
    int ( * readdir) (struct file *, void *, filldir_t);
    //仅用于读取目录,对于设备文件,该字段为 NULL
    unsigned int ( * poll) (struct file *, struct poll_table_struct *);
    //轮询函数,判断目前是否可以进行非阻塞的读/写或写入
    int ( * ioctl) (struct inode *, struct file *, unsigned int, unsigned long);
    //执行设备 I/O 控制命令
    long ( * unlocked_ioctl) (struct file *, unsigned int, unsigned long);
    //不使用 BLK 文件系统,将使用此种函数指针代替 ioctl
    long ( * compat_ioctl) (struct file *, unsigned int, unsigned long);
    //在 64 位系统上,32 位的 ioctl 调用将使用此函数指针代替
    int ( * mmap) (struct file *, struct vm_area_struct *);
    //用于请求将设备内存映射到进程地址空间
    int ( * open) (struct inode *, struct file *);//打开设备
    int ( * release) (struct inode *, struct file *);//关闭设备
    int ( * fsync) (struct file *, struct dentry *, int datasync);//刷新待处理的数据
    int ( * aio_fsync) (struct kiocb *, int datasync);//异步刷新待处理的数据
    int ( * fasync) (int, struct file *, int);//通知设备 FASYNC 标志发生变化
};
```

3. 字符设备驱动流程分析

通过图 3-21 可以知道,如果想访问底层设备,就必须打开对应的设备文件。在这个打开的过程中,Linux 内核将应用程序打开的设备文件和对应的驱动程序关联起来,接下来应用程序对设备文件的操作即为驱动对硬件设备的操作。具体流程图如图 3-21 所示。

(1) 创建设备文件时

当执行"mknod test_dev c 241 0"建立设备文件后,内核对应生成一个 inode 结构体来表示这个文件。

(2) 插入设备驱动时

当执行"insmod test_dev_driver. ko"插入"test_dev"设备驱动后,内核会将"test_dev_driver"驱动注册的 241 设备号及 test_cdev 存放到 chrdevs 字符设备表。

(3) 应用程序执行时

当执行"./app"应用程序后,执行 open("/dev/test_dev")打开设备文件时:

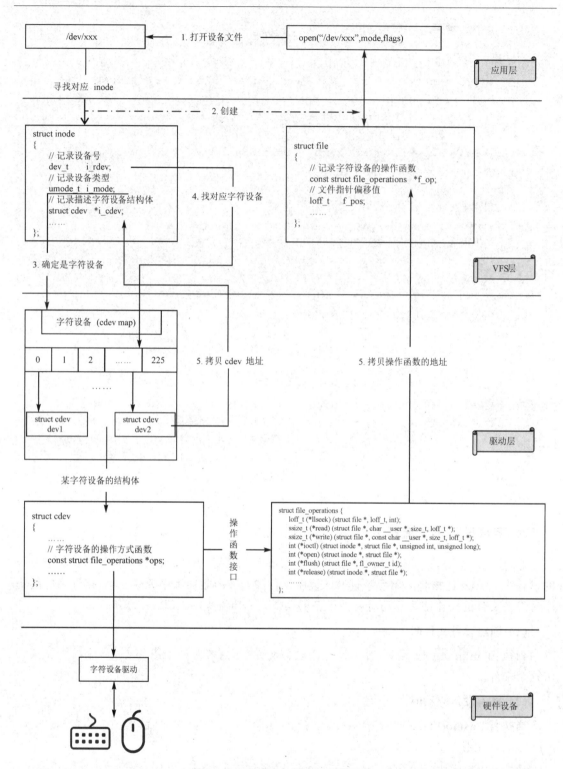

图 3-21　字符设备驱动程序流程图

① 内核可以根据设备文件对应的 struct inode 结构体描述的信息,知道接下来要操作的设备类型(字符设备还是块设备),还会分配一个 struct file 结构体。

② 接下来,内核通过 inode 的文件类型判断是字符设备,然后找到字符设备表 chrdevs。通过 inode 中的设备号去索引 chrdevs 表,找到设备号对应的字符设备结构体"test_cdev"。

③ 找到 cdev 后,内核将"test_cdev"结构体记录在 struct inode 结构体的 i_cdev 成员中。然后,将 i_cdev 成员的 fops 记录在打开这个文件的 struct file 结构体的 f_op 成员中,即将 struct cdev 结构体中的函数操作接口 fops 填充到 struct file 结构体的 f_op 成员中。

④ 最后,内核会给应用层返回一个文件描述符 fd,这个 fd 是和 struct file 结构体对应的。接下来上层的应用程序就可以通过 fd 来找到 strut file,再由 struct file 中的 f_op 找到操作字符设备 cdev 中的 fops 函数接口。

3.4.3　字符设备驱动注册

1. chrdev 版注册

(1) 注册字符设备驱动

```
# include <linux/fs.h>
static inline int register_chrdev(unsigned int major, const char * name, const struct file_
operations * fops)
```

其中各参数及返回值含义如下:
- major(设备号):在设备管理中,除了设备类型外,内核还需要一对被称为主从设备号的参数,才能唯一标识一个设备,类似人的身份证号。利用 cat/proc/devices 查看设备驱动申请到的设备名、设备号。
- name(名字):设备驱动名,用 cat/proc/devices 查看已注册设备,用 mknod 建立设备文件。
- fops(操作接口):file_operations 是把系统调用和驱动程序关联起来的关键数据结构。这个结构体的每一个成员都对应着一个系统调用 API。用户进程利用在对设备文件进行诸如 read/write 操作的时候,系统调用通过设备文件的主设备号找到相应的设备驱动程序,然后读取这个数据结构相应的函数指针,接着把控制权交给该函数,这是 Linux 的设备驱动程序工作的基本原理。
- 返回值:0 代表成功,非 0 代表失败。

(2) 注销字符设备驱动

```
# include <linux/fs.h>
static inline void unregister_chrdev(unsigned int major, const char * name)
```

其中各参数及返回值含义如下:
- major(设备号):与注册函数的主设备号一致。
- name(名字):与注册函数的设备名称一致。

(3) 分配设备号

方式一,静态分配设备号,即在注册设备驱动时,提供指定的设备号给内核。

查看内核主设备号文档 Documentation/device.txt,找到如下语句:

240 - 254 char LOCAL/EXPERIMENTAL USE。

该条目表示主设备号 240～254 之间的取值,可以在本地系统上使用,无需向官方注册,同时也可以实验性使用,用于开发和测试新设备驱动,而不影响正式设备号的分配。

```
//静态分配代码
int ret;
ret = register_chrdev(241, "test - driver", &test_fops);//返回 0 成功,返回非零失败
```

方式二,动态分配设备号,即注册设备驱动时,不提供设备号,要求内核分配设备号。

```
//动态分配代码
int test_major;
test_major = register_chrdev(0, "test - driver", &test_fops);
//返回大于 0 的主设备号成功,返回非零失败
```

2. cdev 版注册

(1) 申请设备号

每一个字符设备或块设备都有一个主设备号和一个次设备号。主设备号用来标识与设备文件相连的驱动程序,用来反映设备类型。次设备号被驱动程序用来辨别操作的是同类设备中具体哪一个设备,用来区分同类型的设备。

Linux 内核中,设备号用 dev_t 来描述,定义如下:

```
typedef u_long dev_t;
```

内核也为我们提供了几个方便操作的宏实现 dev_t:
● 从设备号中提取 major 和 minor

```
MAJOR(dev_t dev);
MINOR(dev_t dev);
```

● 通过 major 和 minor 构建设备号

```
MKDEV(int major, int minor);
```

设备号操作宏定义如下:

```
#define MINORBITS 20
#define MINORMASK ((1U << MINORBITS) - 1)
#define MAJOR(dev) ((unsigned int) ((dev) >> MINORBITS))
#define MINOR(dev) ((unsigned int) ((dev) & MINORMASK))
#define MKDEV(ma,mi) (((ma) << MINORBITS) | (mi))
```

方式一,采用静态申请方式注册驱动程序。
申请函数及其参数如下所示:

```
int register_chrdev_region(dev_t from, unsigned count, const char * name)
```

参数 from 为申请设备的设备号,包括主设备号和次设备号;参数 count 为申请注册的设备数量;参数 name 为申请设备的名称。该函数的返回值为 0 代表执行成功,返回负数时表示

执行不成功。函数代码示例如下：

```
#include <linux/fs.h>
devno = MKDEV(major, minor);
register_chrdev_region(devno, 1, "test_driver");
```

方式二，采用动态申请方式注册驱动程序。

申请函数及其参数如下所示：

```
int alloc_chrdev_region(dev_t * dev, unsigned baseminor,unsigned count, const char  * name)
```

参数 dev 为内核自动分配设备号，并通过本指针返回；参数 baseminor 为期望自动分配的起始次设备号；参数 count 为请求的次设备号数量；参数 name 为申请设备的名称。该函数的返回值为 0 时表示执行成功，返回值为负数时表示执行不成功。函数示例代码如下：

```
#include <linux/fs.h>
int major, minor;
int devno;
alloc_chrdev_region(&devno, 0, 1, "test_driver");
printk("ma[%d], mi[%d]\n", MAJOR(devno), MINOR(devno));
```

（2）注册 cdev

使用 cdev 的相关函数时，需要增加相应头文件如下：

```
<linux/cdev.h>
```

通过 cdev 注册设备，需要 cdev_alloc、cdev_init、cdev_add 共计 3 个函数。

函数 cdev_alloc 主要分配一个 struct cdev 结构，动态申请一个 cdev 内存，函数执行成功时，返回指向 struct cdev 的指针；函数执行失败时，返回 NULL。函数及其参数如下所示：

```
struct cdev * cdev_alloc(void);
```

函数 cdev_init 主要对 struct cdev 结构体做初始化，最重要的就是建立 cdev 和 file_operations 之间的连接，file_operations 定义了设备 open、release、read、write 的具体操作函数。cdev_init 函数及其参数如下所示：

```
void cdev_init(struct cdev * , const struct file_operations * );
```

函数 cdev_add 向内核注册一个 struct cdev 结构，即正式通知内核由 struct cdev * p 代表的字符设备已经可以使用。该函数包括 2 个参数：注册的设备号 dev 和数量 count，这两个参数直接赋值给 struct cdev 的 dev 成员和 count 成员。cdev_add 函数及其参数形式如下所示：

```
int cdev_add(struct cdev * p, dev_t dev, unsigned count);
```

（3）注销 cdev

```
void cdev_del(struct cdev * p);
```

该函数向内核注销一个 struct cdev 结构，即正式通知内核由 struct cdev * p 代表的字符设备已经不可以使用了。

3.4.4 字符设备驱动接口

1. 字符设备驱动接口概述

应用程序和内核之间的接口是系统调用,内核定义的 file_operations 结构体中成员函数是字符设备驱动与内核的接口,是用户空间对 Linux 进行系统调用的最终落实者,这个结构体包含对文件打开、关闭、读/写、控制的一系列成员函数。file_operations 就是实现字符设备驱动接口的核心。字符设备驱动接口的结构如图 3 - 22 所示。

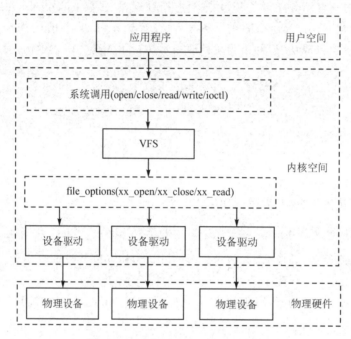

图 3 - 22 字符设备驱动接口结构图

structfile_operations 是一个把字符设备驱动的操作和设备号联系在一起的纽带,是一系列指针的集合,每个被打开的文件都对应于一系列的操作,用 file_operations 来执行一系列的系统调用。

2. 打开和关闭设备

(1) open 方法

当用户进程执行 open()系统调用的时候,内核将调用驱动程序 open()函数。open 方法提供给驱动程序以初始化的能力,在大部分驱动程序中 open 应该完成以下工作:

● 检查特定设备的错误,例如设备是否准备就绪等硬件问题。

● 如果设备是首次打开,则对其进行初始化。

open 方法的原型如下:

```
int ( * open) (struct inode * , struct file * );
```

其中,inode 参数在其 i_cdev 字段中包含了我们所需要的信息,即我们先前设置的 cdev 结构。

与 open()函数对应的是 release()函数。

(2) release 方法

当最后一个打开设备的用户进程执行 close()系统调用的时候,内核将调用驱动程序 release()函数。release 函数的主要任务是清理未结束的输入/输出操作,释放资源,用户自定义排他标志的复位等。

release 方法的原型如下:

```
int ( * release) (struct inode * , struct file * );
```

(3) 示　例

```
int test_open(struct inode * node, struct file * filp)
{
        printk(" % s\n", __FUNCTION__);
        return 0;
}


int test_close(struct inode * node, struct file * filp)
{
        printk(" % s\n", __FUNCTION__);
        return 0;
}


struct file_operations test_fops = {
        .open = test_open,
        .release = test_close,
};
```

3. 控制设备(ioctl)

(1) ioctl 概述

虽然在结构体"struct file_operations"中有很多对应的操作函数,但硬件操作的方法 fops 函数集无法完全覆盖,所以可以通过 ioctl 来自定义硬件操作命令。

例如:CD-ROM 的驱动,想要一个弹出光驱的操作,这种操作并不是所有的字符设备都需要的,所以文件操作结构体也不会有对应的函数操作。

例如:针对串口设备,还需提供对串口波特率、奇偶校验位、终止位的设置,这些配置信息需要从应用层传递一些基本数据,仅仅是数据类型不同。

应用层与驱动函数的 ioctl 之间的联系如图 3-23 所示。

(2) ioctl 函数

1) 头文件

```
include/linux/ioctl.h
```

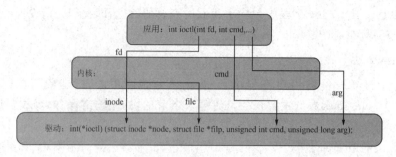

图 3 - 23　应用层与驱动函数的 ioctl 关系示意图

2）接口函数

```
long ( * unlocked_ioctl) (struct file * file, unsigned int cmd, unsigned long arg);
```

其参数如下：

- file：指针对应的是应用程序传递的文件描述符 fd 的值，以及传递给 open 方法的相同参数。
- cmd：从用户那里不改变地传下来，由驱动工程师自定义。
- arg：可选参数，以一个 unsigned long 的形式传递，不管它是否由用户给定为一个整数或一个指针。

该函数返回值含义如下：

- 如果传入的是非法命令，则 ioctl 返回错误号－EINVAL。
- 内核中的驱动函数返回值都有一个默认的方法，只要是正数，内核就会认为这是正确的返回，并把它传给应用层；如果是负数，内核就会认为它是错误号了。

（3）ioctl 进阶

1）命令（cmd）

如果有两个不同的设备，但它们的 ioctl 的 cmd 却一样，这样容易引起冲突。为了避免这种冲突，内核要求每个设备的 cmd 值必须唯一。通常通过两种方式实现：第一种方式，规定每个设备的 cmd 包含设备特定的标识符，确保不同设备的 cmd 不会重复；第二种方式，为不同设备分配独立的 cmd 命名空间，进一步避免冲突。

具体用法参考＜asm-generic/ioctl. h＞和 ioctl-number. txt 这两个文档。

2）传参（arg）

一般会有两种传参方法：

- 整数：直接使用即可。
- 指针：通过指针，可以传任何类型，非常灵活。例如：unsigned long＝结构体地址。

（4）ioctl 示例

1）ioctl 驱动

```
# include ＜asm/uaccess. h＞
```

2）ioctl 命令自定义

```
//test_cmd.h
#define TEST_ON 1
#define TEST_OFF 2
```

3）ioctl 应用测试

```
#include "test_cmd.h"

int main( int argc, char *argv[])
{
        int fd;
        char buf[10];
        fd = open("/dev/test_dev", O_RDWR);
        if(fd < 0){
                perror("open failed\n");
                return -1;
        }
        ioctl(fd, TEST_ON);

        return 0;
}
```

4. 读/写设备（read/read）

（1）读设备（read）

用途是从设备中读取数据。应用场景为当对设备文件进行 read()系统调用时,将调用驱动程序 read()函数:

```
ssize_t read(struct file *filp, char __user *buff, size_t count, loff_t *offp);
```

当该函数指针被赋为 NULL 值时,将导致 read 系统调用出错并返回-EINVAL("Invalid argument,非法参数")。函数返回非负值表示成功读取的字节数(返回值为"signed size"数据类型,通常就是目标平台上的固有整数类型)。

（2）写设备（write）

用途是向设备发送数据。应用场景为当对设备文件进行 write()系统调用时,将调用驱动程序的 write()函数。

```
ssize_t write(struct file *filp, const char __user *buff, size_t count, loff_t *offp);
```

当该函数指针被赋为 NULL 值时,write 系统调用会向调用程序返回一个-EINVAL。如果返回值非负,则表示成功写入的字节数。

（3）交换数据函数

```
#include <asm/uaccess.h>
unsigned long copy_to_user(void __user *to, const void *from, unsigned long count);
unsigned long copy_from_user(void *to, const void __user *from, unsigned long count);
```

read 方法从设备拷贝数据到用户空间(使用 copy_to_user),write 方法从用户空间拷贝数据到设备(使用 copy_from_user)。每个 read 或 write 系统调用都请求一个特定字节数目来传送。不管这些方法传送多少数据,它们通常都应当更新 * offp 中的文件位置来表示在系统调用成功完成后当前的文件位置。

(4) 示 例

```
//第一步:添加读/写有关头文件
# include <asm/uaccess.h>              //添加 copy_to_user 与 copy_from_user 的头文件
# define BUF_SIZE        1024          //内核 buffer 的 size
static char tmpbuf[BUF_SIZE];          //内核空间的数据读/写数组

//第二步:添加设备驱动操作接口函数 write 和 read,这两个函数在应用程序调用 write 及 read 时调用
static ssize_t test_chardev_read(struct file * file,char __user * buf, size_t const count,loff_t * offset)
{
        if(count < BUF_SIZE)    //读/写大小检查
        {
                if(copy_to_user(buf,tmpbuf,count)) //执行完成后返回还需拷贝的字节数。成功为 0
                {
                  printk(KERN_ALERT "copy to user fail \n");
                   return - EFAULT;
                }
        }else{
                printk(KERN_ALERT "read size must be less than % d\n", BUF_SIZE);
                return - EINVAL;
        }
         * offset + = count;         //文件位置指针更新
        return count;               //返回文件成功读/写的字节数
}

static ssize_t test_chardev_write(struct file * file, const char __user * buf,size_t const count,loff_t * offset)
{
        if(count < BUF_SIZE)            //读/写大小检查
        {
                if(copy_from_user(tmpbuf,buf,count)) //执行完成后返回还需拷贝的字节数。成功为 0
                {
                  printk(KERN_ALERT "copy from user fail \n");
                   return - EFAULT;
                }
        }else{

                printk(KERN_ALERT "size must be less than % d\n", BUF_SIZE);
                return - EINVAL;
```

```
}
        * offset + = count;              //文件位置指针更新
        return count;                    //返回文件成功读/写的字节数
}

//第三步:完成 file_operations 的赋值,为该字符设备添加读/写操作接口
static struct file_operations chardev_fops = {
        . owner  =  THIS_MODULE,
        . read  =  test_chardev_read,
        . write  =  test_chardev_write,
};
```

3.5　Linux 系统编程实验

3.5.1　实验 1:Linux 文件 I/O 编程实验

1. 编　程

```
# include <stdio. h>
# include <sys/types. h>
# include <sys/stat. h>
# include <fcntl. h>
# include <unistd. h>
int main(void)
{
        int fd;
        char buf[10] = "hello\n";

        fd = open("/home/Phytium/test_file", O_RDWR | O_CREAT);
        write(fd, buf,sizeof(buf));
        close(fd);

        return 0;}
```

注意:头文件,man 手册的使用(man 2 open 以及 man 2 write)。

2. 编　译

```
gcc – o test_app test_app.c
```

3. 运　行

```
./test_app
```

运行结果如图 3 - 24 所示。

```
Phytium@buaa:~$ vim test_app.c
Phytium@buaa:~$ gcc -o test_app test_app.c
Phytium@buaa:~$ ./test_app
Phytium@buaa:~$ sudo cat test_file
hello
```

图 3 - 24　实验 1 运行结果

4. 思　考

程序运行状态切换为用户态→系统调用→内核态→返回用户态。执行如下命令,可以查看调用过程,运行程序前加上 strace,可以追踪到函数库调用过程。

```
strace ./test_app
```

3.5.2　实验 2:Linux 文件 I/O 内核模块编程实验

1. 编程:内核模块编程

源码 test.c 如下:

```
# include <linux/init.h>
# include <linux/module.h>
static int test_init(void)
{
        printk("hello kernel\n");
        return 0;
}

static void test_exit(void)
{
        printk("bye\n");
}

module_init(test_init);
module_exit(test_exit);
MODULE_LICENSE("GPL");
```

2. 编译:内核模块编译

目标板系统上运行内核模块交叉编译使用的 Makefile 如下,注意 all 和 clean 下面的命令要严格用"tab"。

```
obj - m := test.o
KDIR := /home/xxx/phytium - linux - kernel # 编译好的目标板内核源码路径

all:
    make - C $(KDIR) M = $(PWD) modules
```

```
clean:
    make - C $(KDIR) M = $(PWD) clean
```

在模块代码和模块 Makefile 所在目录执行"make"命令编译内核模块。编译结果如图 3 - 25
所示。

```
Phytium@buaa:~$ mkdir test2
Phytium@buaa:~$ cd test2
Phytium@buaa:~/test2$ vim test.c
Phytium@buaa:~/test2$ vim Makefile
Phytium@buaa:~/test2$ make
make -C /home/Phytium/chillipi/phytium-linux-kernel M=/home/Phytium/test2 modules
make[1]: 进入目录"/home/Phytium/chillipi/phytium-linux-kernel"
  CC [M]  /home/Phytium/test2/test.o
  Building modules, stage 2.
  MODPOST 1 modules
  CC       /home/Phytium/test2/test.mod.o
  LD [M]  /home/Phytium/test2/test.ko
make[1]: 离开目录"/home/Phytium/chillipi/phytium-linux-kernel"
Phytium@buaa:~/test2$ ls
Makefile  modules.order  Module.symvers  test.c  test.ko  test.mod.c  test.mod.o  test.o
Phytium@buaa:~/test2$ cp test.ko ~/nfsroot
```

图 3 - 25 实验 2 编译结果

3. 运行：内核模块加载

首先加载模块，命令如下：

```
sudo insmod hello.ko
```

然后运行命令 dmesg 查看日志，内核日志显示信息如图 3 - 26 所示。

```
[17389.098823] test: loading out-of-tree module taints kernel.
[17389.099239] hello kernel
[17423.958104] bye
```

图 3 - 26 实验 2 内核日志信息

最后卸载模块，命令如下：

```
sudo rmmod hello
```

注意：rmmod 后面可用 lsmod 命令查看到模块的名字，是"hello"，而不是"hello. ko"。

3.5.3 实验 3：chrdev 版注册字符设备驱动实验

1. 编 程

源码 test_driver. c 如下：

```
# include <linux/init.h>
# include <linux/module.h>
# include <linux/fs.h>


struct file_operations test_fops;
```

```
int test_major;
int test_init(void)
{
        /* 动态分配代码 */
        test_major = register_chrdev(0, "test - driver", &test_fops);
        //返回大于 0 的主设备号成功,返回非零失败
        if(test_major < 0){
                printk("register failed\n");
                return -1;
        }

        return 0;
}

void test_exit(void)
{
        unregister_chrdev(test_major, "test - driver");
}
module_init(test_init);
module_exit(test_exit);

MODULE_LICENSE("GPL");
```

2. 编　译

(1) 驱动模块编译 Makefile

目标板系统环境加载该模块使用如下 Makefile:

```
obj - m := test_driver.o
KDIR := /home/Phytium/chillipi/phytium - linux - kernel
all:
        make - C $(KDIR) M = $(PWD) modules
clean:
        make - C $(KDIR) M = $(PWD) clean
```

(2) 执行模块编译命令

在模块代码和模块 Makefile 所在目录执行"make"命令编译内核模块,编译结果如图 3-27 所示。

3. 运行测试

首先加载模块,命令如下:

```
insmod test_driver.ko
```

然后查看是否注册成功,命令如下,结果如图 3-28 所示。

```
cat /proc/devices
```

```
Phytium@buaa:~$ mkdir test3
Phytium@buaa:~$ cd test3
Phytium@buaa:~/test3$ vim test_driver.c
Phytium@buaa:~/test3$ vim Makefile
Phytium@buaa:~/test3$ make
make -C /home/Phytium/chillipi/phytium-linux-kernel M=/home/Phytium/test3 modules
make[1]: 进入目录"/home/Phytium/chillipi/phytium-linux-kernel"
  CC [M]  /home/Phytium/test3/test_driver.o
  Building modules, stage 2.
  MODPOST 1 modules
  CC      /home/Phytium/test3/test_driver.mod.o
  LD [M]  /home/Phytium/test3/test_driver.ko
make[1]: 离开目录"/home/Phytium/chillipi/phytium-linux-kernel"
Phytium@buaa:~/test3$ ls
Makefile        Module.symvers   test_driver.ko    test_driver.mod.o
modules.order   test_driver.c    test_driver.mod.c test_driver.o
Phytium@buaa:~/test3$ cp test_driver.ko ~/nfsroot
```

图 3-27　实验 3 编译结果

```
root@E2000-Ubuntu:/mnt# insmod test_driver.ko
root@E2000-Ubuntu:/mnt# cat /proc/devices
Character devices:
  1 mem
  2 pty
  3 ttyp
  4 /dev/vc/0
  4 tty
  5 /dev/tty
  5 /dev/console
  5 /dev/ptmx
  7 vcs
 10 misc
 13 input
 29 fb
 89 i2c
 90 mtd
116 alsa
128 ptm
136 pts
180 usb
189 usb_device
204 ttyAMA
226 drm
241 test-driver
242 rpmb
243 ttyGS
```

图 3-28　实验 3 运行测试结果

最后卸载模块,命令如下:

```
rmmod test_driver
```

3.5.4　实验 4:cdev 版注册字符设备驱动实验

1. 编　程

源码 test_driver.c 如下:

```
# include <linux/module.h>
# include <linux/init.h>
# include <linux/fs.h>
```

```c
#include <linux/cdev.h>

int major, minor;
int devno;
struct cdev * test_cdev;
struct file_operations test_fops;

int test_init(void)
{
        int ret;
        major = 0;          //动态分配
        if(major)           //静态分配
        {
                minor = 0;
                devno = MKDEV(major, minor);
                ret = register_chrdev_region(devno, 1, "new-char");
        }
        else//动态分配
        {
                ret = alloc_chrdev_region(&devno, 0, 1, "new-char");
                printk("ma[%d], mi[%d]\n", MAJOR(devno), MINOR(devno));
        }
        if(ret){
                printk("register region failed\n");
                goto fail;
        }

        test_cdev = cdev_alloc();

        cdev_init(test_cdev, &test_fops);

        ret = cdev_add(test_cdev, devno, 1);
        if(ret){
                printk("cdev add failed\n");
                goto fail1;
        }
        printk("hello new char\n");
        return 0;
fail1:
        unregister_chrdev_region(devno, 1);
fail:
        return ret;
}

void test_exit(void)
```

```
{
        cdev_del(test_cdev);
        unregister_chrdev_region(devno, 1);
        printk("bye\n");
}
module_init(test_init);
module_exit(test_exit);

MODULE_LICENSE("GPL");
```

2. 编　译

(1) 驱动模块编译 Makefile

目标板系统环境加载该模块使用如下 Makefile：

```
obj - m : = test_driver.o

KDIR : = /home/Phytium/chillipi/phytium - linux - kernel
all:
        make - C $(KDIR) M = $(PWD) modules
clean:
        make - C $(KDIR) M = $(PWD) clean
```

(2) 执行模块编译命令

在模块代码和模块 Makefile 所在目录执行"make"命令编译内核模块，编译结果如图 3 - 29 所示。

```
Phytium@buaa:~$ mkdir test4
Phytium@buaa:~$ cd test4
Phytium@buaa:~/test4$ vim test_driver.c
Phytium@buaa:~/test4$ vim Makefile
Phytium@buaa:~/test4$ make
make -C /home/Phytium/chillipi/phytium-linux-kernel M=/home/Phytium/test4 modules
make[1]: 进入目录"/home/Phytium/chillipi/phytium-linux-kernel"
  CC [M]  /home/Phytium/test4/test_driver.o
  Building modules, stage 2.
  MODPOST 1 modules
  CC      /home/Phytium/test4/test_driver.mod.o
  LD [M]  /home/Phytium/test4/test_driver.ko
make[1]: 离开目录"/home/Phytium/chillipi/phytium-linux-kernel"
Phytium@buaa:~/test4$ ls
Makefile        Module.symvers  test_driver.ko    test_driver.mod.o
modules.order   test_driver.c   test_driver.mod.c test_driver.o
Phytium@buaa:~/test4$ cp test_driver.ko ~/nfsroot
```

图 3 - 29　实验 4 编译结果

3. 运行测试

首先加载模块，命令如下：

```
insmod test_driver.ko
```

然后使用 dmesg 命令查看日志,看到动态分配成功,并且通过宏得到了主次设备号,如图 3 - 30 所示。

```
[20336.429300] ma[241], mi[0]
[20336.429314] hello new char
```

图 3 - 30   实验 4 日志信息

查看是否注册成功,命令如下,结果如图 3 - 31 所示。

```
cat /proc/devices
```

```
root@E2000-Ubuntu:/mnt# insmod test_driver.ko
root@E2000-Ubuntu:/mnt# cat /proc/devices
Character devices:
  1 mem
  2 pty
  3 ttyp
  4 /dev/vc/0
  4 tty
  5 /dev/tty
  5 /dev/console
  5 /dev/ptmx
  7 vcs
 10 misc
 13 input
 29 fb
 89 i2c
 90 mtd
116 alsa
128 ptm
136 pts
180 usb
189 usb_device
204 ttyAMA
226 drm
241 new-char
242 rpmb
243 ttyGS
```

图 3 - 31   实验 4 注册结果

最后卸载模块,命令如下:

```
rmmod test_driver
```

3.5.5   实验 5:打开关闭设备驱动

1. 加载内核驱动

(1) 编　程

源码 test_driver.c 如下:

```
# include <linux/init.h>
# include <linux/module.h>
# include <linux/fs.h>
```

```
int test_open(struct inode * node，struct file * filp)
{

        printk(" % s\n"，__FUNCTION__);
        return 0;
}


int test_close(struct inode * node，struct file * filp)
{

        printk(" % s\n"，__FUNCTION__);
        return 0;
}


struct file_operations test_fops = {
        .open = test_open,
        .release = test_close,
};


int test_init(void)
{

        int ret;
        ret = register_chrdev(241，"test - driver"，&test_fops);
        if(ret){
                printk("register failed\n");
                return - 1;
        }

        return 0;
}


void test_exit(void)
{
        unregister_chrdev(241，"test - driver");
}


module_init(test_init);
module_exit(test_exit);


MODULE_LICENSE("GPL");
```

（2）编　译

目标板系统环境加载该模块使用与前几个实验相同的 Makefile，在模块代码和模块 Makefile 所在目录执行"make"命令编译内核模块，编译结果如图 3 - 32 所示。

```
Phytium@buaa:~$ mkdir test5
Phytium@buaa:~$ cd test5
Phytium@buaa:~/test5$ vim test_driver.c
Phytium@buaa:~/test5$ vim Makefile
Phytium@buaa:~/test5$ make
make -C /home/Phytium/chillipi/phytium-linux-kernel M=/home/Phytium/test5 modules
make[1]: 进入目录"/home/Phytium/chillipi/phytium-linux-kernel"
  CC [M]  /home/Phytium/test5/test_driver.o
  Building modules, stage 2.
  MODPOST 1 modules
  CC      /home/Phytium/test5/test_driver.mod.o
  LD [M]  /home/Phytium/test5/test_driver.ko
make[1]: 离开目录"/home/Phytium/chillipi/phytium-linux-kernel"
Phytium@buaa:~/test5$ ls
Makefile        Module.symvers  test_driver.ko      test_driver.mod.o
modules.order   test_driver.c   test_driver.mod.c   test_driver.o
Phytium@buaa:~/test5$ cp test_driver.ko ~/nfsroot
```

图 3 - 32　实验 5 编译结果

(3) 加　载

首先加载模块,命令如下:

```
insmod test_driver.ko
```

查看是否注册成功,命令如下,结果如图 3 - 33 所示。

```
cat /proc/devices
```

```
root@E2000-Ubuntu:/mnt# insmod test_driver.ko
root@E2000-Ubuntu:/mnt# cat /proc/devices
Character devices:
  1 mem
  2 pty
  3 ttyp
  4 /dev/vc/0
  4 tty
  5 /dev/tty
  5 /dev/console
  5 /dev/ptmx
  7 vcs
 10 misc
 13 input
 29 fb
 89 i2c
 90 mtd
116 alsa
128 ptm
136 pts
180 usb
189 usb_device
204 ttyAMA
226 drm
241 test-driver
242 rpmb
243 ttyGS
```

图 3 - 33　实验 5 注册结果

2. 建立设备文件

首先查看设备号,命令如下:

```
cat /proc/devices
```

然后建立设备文件,命令如下:

```
mknod/dev/test_dev c 241 0
```

查看是否创建成功,命令如下,结果如图 3 - 34 所示。

```
ls -l /dev/test_dev
```

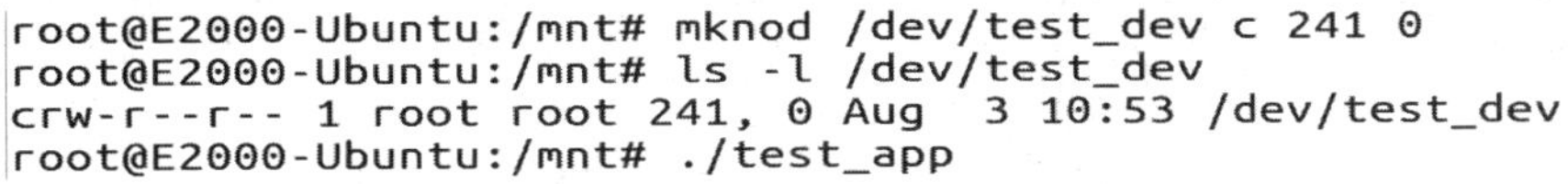

```
root@E2000-Ubuntu:/mnt# mknod /dev/test_dev c 241 0
root@E2000-Ubuntu:/mnt# ls -l /dev/test_dev
crw-r--r-- 1 root root 241, 0 Aug  3 10:53 /dev/test_dev
root@E2000-Ubuntu:/mnt# ./test_app
```

图 3 - 34 实验 5 建立设备文件结果

3. 执行应用测试

(1) 编 程

源码 test_app. c 如下:

```c
#include <stdio.h>
#include <sys/types.h>
#include <sys/stat.h>
#include <unistd.h>
#include <fcntl.h>

int main(void)
{
        int fd;
        fd = open("/dev/test_dev", O_RDWR);
        if(fd < 0){
                perror("open failed\n");
                return -1;
        }

        close(fd);

        return 0;
}
```

(2) 编 译

使用如下命令进行编译,编译结果如图 3 - 35 所示。

```
arrch64 - linux - gnu - gcc test_app.c - o test_app
```

```
Phytium@buaa:~/test5$ vim test_app.c
Phytium@buaa:~/test5$ aarch64-linux-gnu-gcc test_app.c -o test_app
Phytium@buaa:~/test5$ cp test_app ~/nfsroot
```

图 3 - 35　实验 5 编译结果

(3) 运　行

使用如下命令运行测试程序：

```
./test_app
```

使用 dmesg 命令查看内核日志看是否成功调用了 test_driver 驱动的 test_open，结果如图 3 - 36 所示。

```
[22709.280248] test_open
[22709.280277] test_close
```

图 3 - 36　实验 5 测试结果

3.5.6　实验 6：控制设备(ioctl)

1. 自定义头文件

一个简单的命令定义头文件，驱动和应用函数都要包含这个头文件：

```
/ * test_cmd. h * /
# ifndef _TEST_CMD_H
# define _TEST_CMD_H


# define        TEST_ON         0
# define        TEST_OFF        1


# endif / * _TEST_CMD_H * /
```

2. 驱动代码

(1) 编　程

源码 test_driver. c 如下：

```
# include <linux/init.h>
# include <linux/module.h>
# include <linux/fs.h>
# include <asm/uaccess.h>
# include "test_cmd.h"
void arm_on(void)
```

```
{
    //驱动硬件寄存器代码

    printk("%s\n", __FUNCTION__);
}


void arm_off(void)
{
    printk("%s\n", __FUNCTION__);
}


int test_open(struct inode * node, struct file * filp)
{
    printk("kernel %s\n", __FUNCTION__);
    return 0;
}


int test_close(struct inode * node, struct file * filp)
{
    printk("%s\n", __FUNCTION__);
    return 0;
}


long test_unlocked_ioctl (struct file * filp, unsigned int cmd, unsigned long args)
{
    switch(cmd){
        case TEST_ON:
            arm_on();
            break;
        case TEST_OFF:
            arm_off();
            break;
        default:
            printk("unknow ioctl cmd\n");
            return -1;
    }
    return 0;
}


struct file_operations test_fops = {
    .open = test_open,
    .release = test_close,
    .unlocked_ioctl = test_unlocked_ioctl,
};
```

```
int test_init(void)
{
    int ret = 0;
    ret = register_chrdev(241, "test-driver", &test_fops);
    if(ret){
        printk("register failed\n");
        return -1;
    }

    printk("1 kernel register right\n");

    return 0;
}

void test_exit(void)
{
    unregister_chrdev(241, "test-driver");
}

module_init(test_init);
module_exit(test_exit);

MODULE_LICENSE("GPL");
```

（2）编　译

驱动模块编译 Makefile，与前几个实验相同，在模块代码和模块 Makefile 所在目录执行"make"命令编译内核模块，编译结果如图 3-37 所示。

```
Phytium@buaa:~$ mkdir test6
Phytium@buaa:~ $ cd test6
Phytium@buaa:~/test6$ vim test_cmd.h
Phytium@buaa:~/test6$ vim test_driver.c
Phytium@buaa:~/test6$ vim Makefile
Phytium@buaa:~/test6$ make
make -C /home/Phytium/chillipi/phytium-linux-kernel M=/home/Phytium/test6 modules
make[1]: 进入目录"/home/Phytium/chillipi/phytium-linux-kernel"
  CC [M] /home/Phytium/test6/test_driver.o
  Building modules, stage 2.
  MODPOST 1 modules
  CC      /home/Phytium/test6/test_driver.mod.o
  LD [M]  /home/Phytium/test6/test_driver.ko
make[1]: 离开目录"/home/Phytium/chillipi/phytium-linux-kernel"
Phytium@buaa:~/test6$ ls
Makefile        Module.symvers  test_driver.c   test_driver.mod.c  test_driver.o
modules.order   test_cmd.h      test_driver.ko  test_driver.mod.o
Phytium@buaa:~/test6$
Phytium@buaa:~/test6$ cp test_driver.ko ~/nfsroot
```

图 3-37　实验 6 编译结果

（3）加　载

首先加载模块，命令如下：

```
insmod test_driver.ko
```

然后查看是否注册成功,命令如下:

```
cat /proc/devices
```

3. 建立设备文件

首先查看设备号,命令如下:

```
cat/proc/devices
```

然后建立设备文件,命令如下:

```
mknod /dev/test_dev c 241 0
```

最后查看是否创建成功,命令如下:

```
ls -l /dev/test_dev
```

4. 执行应用测试

(1) 编　程

源码 test_app.c 如下:

```c
# include <sys/ioctl.h>
# include <linux/types.h>
# include <stdio.h>
# include <sys/types.h>
# include <sys/stat.h>
# include <unistd.h>
# include <fcntl.h>
# include <strings.h>

# include "test_cmd.h"

int main(int argc, char *argv[])
{
    int fd;
    char buf[10];
    fd = open("/dev/test_dev", O_RDWR);
    if(fd < 0){
        perror("open failed\n");
        return -1;
    }
    ioctl(fd, TEST_ON);

    return 0;
}
```

(2) 编　译

使用如下命令进行编译,编译结果如图 3－35 所示。

```
aarch64 - none - linux - gnu - gcc - o test_app test_app.c
```

(3) 运　行

使用如下命令运行测试程序:

```
./test_app
```

使用 dmesg 命令查看内核日志显示调用到内核的 arm_on 函数,结果如图 3－38 所示。

```
[ 1160.747437] kernel test_open
[ 1160.747463] arm_on
[ 1160.747805] test_close
```

图 3－38　实验 6 测试结果

3.5.7　实验 7:读/写设备(read/write)

1. 内核驱动程序

(1) 编　程

源码 chr_drv.c 如下:

```c
# include <linux/init.h>
# include <linux/module.h>
# include <linux/fs.h>

//第一步:添加读/写有关头文件
# include <asm/uaccess.h> //添加 copy_to_user 与 copy_from_user 的头文件
# define BUF_SIZE 1024 //内核 buffer 的 size
static char tmpbuf[BUF_SIZE]; //内核空间的数据读写数组

int test_open(struct inode * node, struct file * filp)
{
    printk("%s\n", __FUNCTION__);
    return 0;
}


int test_close(struct inode * node, struct file * filp)
{
    printk("%s\n", __FUNCTION__);
    return 0;
}
```

```
//第二步:添加设备驱动操作接口函数 write 和 read,这两个函数在应用程序调用 write 及 read 时
//调用。
static ssize_t test_chardev_read(struct file * file,char __user * buf, size_t
const count,loff_t * offset)
{
    if(count < BUF_SIZE)                //读/写大小检查
    {
        if(copy_to_user(buf,tmpbuf,count)) //执行完成后返回还需拷贝的字节数。成功为 0
        {
            printk(KERN_ALERT "copy to user fail \n");
            return - EFAULT;
        }
    }else{
        printk(KERN_ALERT "read size must be less than % d\n", BUF_SIZE);
        return - EINVAL;
    }
    * offset + = count;                //文件位置指针更新
    return count;                      //返回文件成功读/写的字节数
}


static ssize_t test_chardev_write(struct file * file, const char __user * buf,size_t const
count,loff_t * offset)
{
    if(count < BUF_SIZE)                //读/写大小检查
    {
        if(copy_from_user(tmpbuf,buf,count)) //执行完成后返回还需拷贝的字节数。成功为 0
        {
            printk(KERN_ALERT "copy from user fail \n");
            return - EFAULT;
        }
    }else{
        printk(KERN_ALERT "size must be less than % d\n", BUF_SIZE);
        return - EINVAL;
    }
    * offset + = count;                //文件位置指针更新
    return count;                      //返回文件成功读/写的字节数
}


//第三步:完成 file_operations 的赋值,为该字符设备添加读/写操作接口
static struct file_operations chardev_fops = {
    . owner = THIS_MODULE,
    . open = test_open,
    . release = test_close,
    . read = test_chardev_read,
    . write = test_chardev_write,
```

```
    };

    //加载模块，注册字符设备驱动
    int test_init(void)
    {
        int ret;
        ret = register_chrdev(241, "test - driver", &test_fops);
        if(ret){
            printk("register failed\n");
            return - 1;
        }
        return 0;
    }

    void test_exit(void)
    {
        unregister_chrdev(241, "test - driver");
    }

    module_init(test_init);
    module_exit(test_exit);
    MODULE_LICENSE("GPL");
```

（2）编　译

在模块代码和模块 Makefile 所在目录执行"make"命令编译内核模块，编译结果如图 3 - 39 所示。

```
Phytium@buaa:~/test7$ make
make -C /home/Phytium/chillipi/phytium-linux-kernel M=/home/Phytium/test7 modules
make[1]: 进入目录"/home/Phytium/chillipi/phytium-linux-kernel"
  CC [M]  /home/Phytium/test7/char_drv.o
  Building modules, stage 2.
  MODPOST 1 modules
  CC      /home/Phytium/test7/char_drv.mod.o
  LD [M]  /home/Phytium/test7/char_drv.ko
make[1]: 离开目录"/home/Phytium/chillipi/phytium-linux-kernel"
Phytium@buaa:~/test7$ cp char_drv.ko ~/nfsroot
```

图 3 - 39　实验 7 编译结果

（3）运　行

首先加载模块，使用如下命令：

```
insmod char_drv.ko
```

然后使用如下命令通过参看系统文件来查看驱动的加载与卸载情况。在 Character devices 列表中查找驱动中注册的对应名字及主设备号的设备信息。

```
cat /proc/devices
```

执行测试程序看读/写的返回结果，最后使用如下命令卸载模块。

```
rmmod char_drv
```

2. 应用测试程序

(1) 编　程

源码 test_app.c 如下：

```
#include <stdio.h>
#include <sys/types.h>
#include <fcntl.h>
#include <string.h>
#include <unistd.h>

//添加要读/写的数组及字符串
static char sz[] = "this is a test string\n";
static char readback[1024];

int main(int argc, char * * argv)
{
    int fd;
    fd = open("/dev/test_drv", O_RDWR);
    if( fd < 0 )
    {
        perror("open failed! \n");
        return -1;
    }
    else{
        printf("I am testing my device…\n");

        /* 添加读/写的测试 */
        write(fd, sz, strlen(sz));
        read(fd, readback, strlen(sz) + 1);
        printf("the string I read back is : %s\n", readback);

        close(fd);
    }
    return 0;
}
```

(2) 编　译

使用如下命令对测试程序进行编译，编译结果如图 3 - 40 所示。

```
aarch64 - none - linux - gnu - gcc test_app.c - o test
```

(3) 运　行

执行成功可以看到 the string I read back is：this is a test string，如图 3 - 41 所示。

```
Phytium@buaa:~/test7$ vim test.c
Phytium@buaa:~/test7$ aarch64-linux-gnu-gcc test.c -o test
Phytium@buaa:~/test7$ cp test ~/nfsroot
```

图 3-40　实验 7 测试程序编译结果

```
root@E2000-Ubuntu:/mnt# mount -t nfs 192.168.2.102:/home/Phytium/nfsroot /mnt
root@E2000-Ubuntu:/mnt# insmod char_drv.ko
root@E2000-Ubuntu:/mnt# ./test
I am testing my device…
the string I read back is : this is a test string
```

图 3-41　实验 7 测试程序运行结果

思考与练习

1. 简述 Linux 系统是什么？Linux 内核是什么？并绘制出 Linux 系统结构图。

2. 请下载内核并浏览内核目录结构。

3. 什么是文件描述符？什么是系统调用？什么是文件 I/O 操作？

4. 编写一个用户程序打开创建文件，并写入"hello world"到文件中。

5. 编写内核编程的入口、头文件、打印函数。

6. 编写模块编译和安装的 Makefile。

7. 运行模块相关指令。

8. 按编程、编译、运行三步法，开发第一个内核程序。

9. 实验 1：编写 chrdev 版字符设备驱动的注册程序。

10. 实验 2：编写 cdev 版字符设备驱动的注册程序。

11. 实验 3：打开（open）设备实验。

12. 实验 4：控制（ioctl）设备实验。

第4章 基于飞腾 CPU 的接口开发基础

本章主要通过对 SYSFS 虚拟文件系统原理的简述，介绍基于飞腾 CPU 的接口开发相关知识，并进行了 GPIO 控制与应用实验、PWM 脉宽调制实验以及串口舵机控制实验。

4.1 实验理论简述

本节主要介绍 SYSFS 虚拟文件系统，为后续的接口开发实验做铺垫。

SYSFS 是基于内存的文件系统，它将 Linux 系统的设备及设备驱动关联起来，用于向用户空间导出内核对象的映像视图。用户空间的应用程序可以对其进行读/写操作，达到应用程序操控硬件的目的。SYSFS 文件系统挂载在/sys 路径下，其目录结构如下：

```
root@E2000-Ubuntu:/sys# ll
total 4
dr-xr-xr-x  13 root root    0 Jan  1  1970 ./
drwxr-xr-x  20 root root 4096 May 26 04:46 ../
drwxr-xr-x   2 root root    0 May 26 05:47 block/
drwxr-xr-x  38 root root    0 Apr  1  2020 bus/
drwxr-xr-x  68 root root    0 Apr  1  2020 class/
drwxr-xr-x   4 root root    0 Apr  1  2020 dev/
drwxr-xr-x   8 root root    0 Apr  1  2020 devices/
drwxr-xr-x   3 root root    0 Apr  1  2020 firmware/
drwxr-xr-x   5 root root    0 Jan  1  1970 fs/
drwxr-xr-x   2 root root    0 Apr  1  2020 hypervisor/
drwxr-xr-x  10 root root    0 Jan  1  1970 kernel/
drwxr-xr-x 132 root root    0 Apr  1  2020 module/
drwxr-xr-x   2 root root    0 May 26 05:48 power/
```

从/sys 目录的内容可知，sysfs 文件系统导出的内核对象有 block、bus、class、dev、devices、firmware、fs、hypervisor、kernel、module、power（说明：不同的系统内核对象导出的映像内容并不相同）。以下说明与设备操作关系比较大的目录：

- block：块设备，包括虚拟块设备 loop、ram、mtd 块设备、磁盘块设备等；
- class：设备类别，所有内核注册的不同类别的设备；
- devices：根据设备挂接总线类型组织层次结构的所有系统设备；
- bus：系统内核的各种总线类型；
- firmware：基于设备树的固件设备信息；
- power：电源管理相关的设备信息。

Linux 应用层通过读/写 SYSFS 文件系统的对应文件操控 GPIO 的方法说明。SYSFS 文件系统提供 GPIO 控制器节点,对应路径为:/sys/class/gpio。该路径下包含两类文件:飞腾 E2000D CPU 的 6 组 GPIO 控制器文件及 GPIO 设备节点导出与删除的控制文件 export、unexport。

```
root@E2000 - Ubuntu:/sys/class/gpio# ls
export          gpiochip432   gpiochip464   gpiochip496
gpiochip416   gpiochip448   gpiochip480   unexport
```

对指定 GPIO 的操控过程如下:首先使用 GPIO 对应编号打开及写入 export 文件导出 GPIO 设备节点。

```
root@E2000 - Ubuntu:/sys/class/gpio# echo 428 > export
root@E2000 - Ubuntu:/sys/class/gpio/gpio428# ls
active_low  device  direction  edge  power  subsystem  uevent  value
```

当设备节点被导出后,对应节点下的文件即为内核提供的操控该 GPIO 的属性文件。

- active_low:该 GPIO 实际有效电平属性文件,0、1,代表低电平有效还是高电平有效;
- device:该 GPIO 的设备信息,该文件为软链接文件,指向对应 GPIO 设备目录;
- direction 该 GPIO 的方向属性文件,可选值"in"/"out"代表输入/输出;
- edge:该 GPIO 中断模式属性文件,可选值为"none""rising""falling""both",分别为非中断模式、上升沿触发中断模式、下降沿触发中断模式、上升下降沿均触发中断模式;
- power:该 GPIO 控制方式、状态、运行时间等信息;
- subsystem:软链接文件,指向 class/gpio 路径;
- uevent:该 GPIO 事件属性文件;
- value:该 GPIO 输出值属性文件。

基于以上 GPIO 节点的属性文件即可通过代码或命令完成对 GPIO 的操控,见 GPIO 相关实验示例。

Linux 应用层通过读/写 SYSFS 文件系统对应的设备文件操控 PWM。SYSFS 文件系统提供 PWM 控制器节点,对应路径为:/sys/class/pwm。

```
root@E2000 - Ubuntu:/sys/class/pwm# ls
pwmchip0  pwmchip2
```

对指定 PWM 控制器操控过程如下:首先进入对应 PWM 控制器,例如 pwmchip0,使用 PWM 对应编号打开及写入 export 文件,导出 PWM 设备节点;当设备节点被导出后,对应节点下的文件即为内核提供的操控该 PWM 的属性文件。

```
root@E2000 - Ubuntu:/sys/class/pwm# cd pwmchip0/
root@E2000 - Ubuntu:/sys/class/pwm/pwmchip0# ls
device  export  npwm  power  subsystem  uevent  unexport
root@E2000 - Ubuntu:/sys/class/pwm/pwmchip0# echo 0 > export
root@E2000 - Ubuntu:/sys/class/pwm/pwmchip0# ls
device  export  npwm  power  pwm0  subsystem  uevent  unexport
root@E2000 - Ubuntu:/sys/class/pwm/pwmchip0# cd pwm0
```

```
root@E2000 - Ubuntu:/sys/class/pwm/pwmchip0/pwm0# ls
capture  duty_cycle  enable  period  polarity  power  uevent
```

以下是说明 PWM 波形控制的几个重要属性文件：

- period：设置 PWM 周期时间，单位为 ns；
- duty_cycle：设置 PWM 的占空比；
- enable：使能或关闭 PWM 输出，1、0 代表使能与关闭；
- polarity：设置 PWM 的输出极性。

基于以上 PWM 节点属性文件即可通过代码或命令完成对 PWM 的操控，具体见 PWM 实现 LED 呼吸灯实验示例。

4.2　飞腾 E2000 驱动开发基础实验

实验源码可发邮件至 cuijianw@buaa.edu.cn 申请获取。

实验源码编译方法如下：首先将"src\内核与根文件系统源码\linux-4.19\phytium-linux-kernel.7z"文件解压到主机/home/user/xxx 路径下，编译源码前修改对应源码目录下的 Makefile 文件，将其中的 KERN_DIR 替换为解压的内核源码路径"/home/user/xxx/phytium-linux-kernel"。

```
KERN_DIR = /home/xxx/phytium - linux - kernel
```

然后将"src\课程实验源码\基于飞腾 CPU 的接口实验"路径下的源码拷贝到交叉编译主机/home/user/xxx 路径下，下述实验操作转到自己创建的路径下进行。

说明：不是所有源码中的 Makefile 都需要改动。源码中 Makefile 文件没有上述内核路径变量的，无需做任何改动。

4.2.1　飞腾 E2000D GPIO 控制与应用

飞腾 E2000D CPU 集成 6 个 GPIO 控制器，分别为 GPIO0 controller、GPIO1 controller、GPIO2 controller、GPIO3 controller、GPIO4 controller、GPIO5 controller，每个控制器对应 16 路 GPIO，共提供 96 个 GPIO。每路 GPIO 均支持外部中断功能，每路中断信号没有优先级区分，并产生一个统一的中断报送到中断管理模块 GIC。具体信息可查看 E2000 系列 CPU 的数据手册及编程手册。

飞腾 E2000D CPU GPIO 在 Linux 系统 SYSFS 文件系统中的编号对应关系。Linux 的内核虚拟文件系统 SYSFS 提供了全部 6 组 GPIO 控制器设备信息，目录为 /sys/class/gpio，CPU GPIO 控制器及引脚序号对应关系如表 4-1 所列。

表 4-1　CPU GPIO 控制器及引脚序号对应关系

组　别 信　息	GPIO0	GPIO1	GPIO2	GPIO3	GPIO4	GPIO5
SYSFS 显示信息	gpiochip496	gpiochip480	gpiochip464	gpiochip448	gpiochip432	gpiochip416
组内编号	0～15	0～15	0～15	0～15	0～15	0～15
GPIO 编号	496～511	480～495	464～479	448～463	432～447	416～431

1. 飞腾 E2000D LED 控制实验(1)

(1) 实验目的

① 学习 LED 驱动电路原理；

② 熟悉 GPIO 驱动原理；

③ 熟悉飞腾 E2000D GPIO 控制寄存器编程；

④ 学习飞腾 E2000D 平台 GPIO 应用编程。

(2) 实验设备

① 双椒派实验开发板；

② 外设模块底板的全彩 LED 灯；

③ PC，Ubuntu 20.04；

④ 连接 PC 和开发板的 USB 线。

(3) 硬件原理

本实验使用 E2000D 的 GPIO5_0 实现 RGB_LED 蓝色灯的开关控制，原理如图 4-1 所示。

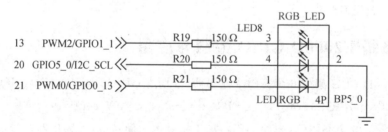

图 4-1　飞腾 E2000D LED 控制实验(1)硬件原理

(4) 程序设计

本程序通过编写独立的 GPIO 驱动模块和应用程序完成对 GPIO5_0 的输出控制，实现对应 LED 灯的开关。驱动程序流程如图 4-2 所示。应用程序流程如图 4-3 所示。核心数据结构说明如图 4-4 所示。

该结构定义了设备驱动的文件操作接口函数，实际实现可根据设备特性和驱动目的自主选择实际需要实现的函数。本实例中实现的成员函数如结构体定义中的函数，说明如下：

● led_open 函数设定 GPIO 模式及输出方向。

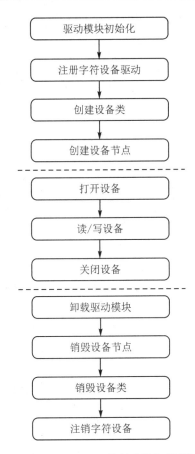

图 4 - 2　飞腾 E2000D LED 控制实验(1)驱动程序流程

- led_write 函数控制 GPIO 输出值。
- led_read 函数读取 GPIO 输出值。
- led_release 函数没做任何事情,只是为了完成设备控制形式的完整性。

(5) 实验步骤

该实验源码程序包含 app_led1.c、drv_led1.c 及 Makefile 三个文件,实验步骤如下:
① 进入源码路径,如图 4 - 5 所示。

```
cd led/1/
ls
vim Makefile
```

② 编译源码生成编译文件。对 led/1 中的 Makefile 文件进行如图 4 - 6 所示的修改。注意 KERN_DIR 改为自己的内核路径"/home/user/xxx/phytium-linux-kernel",后续实验中的 Makefile 均需检查 ARCH、CROSS_COMPILE 及 KERN_DIR 是否正确。

编译源码生成编译文件,如图 4 - 7 所示编译后生成 app_led1 可执行文件及 drv_led1.ko 驱动库模块文件。

```
make
ls
```

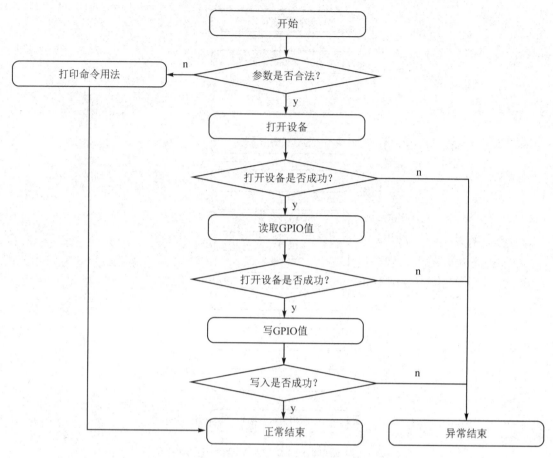

图 4 - 3 飞腾 E2000D LED 控制实验(1)应用程序流程

```
static struct file_operations led_fops = {
    .owner   = THIS_MODULE,
    .open = led_open,
    .write = led_write,
    .read = led_read,
    .release = led_release,
};
```

图 4 - 4 飞腾 E2000D LED 控制实验(1)核心数据结构

```
Phytium@buaa:~/chillipi$ cd led/1/
Phytium@buaa:~/chillipi/led/1$ ls
app_led1.c  drv_led1.c  Makefile
Phytium@buaa:~/chillipi/led/1$ vim Makefile
```

图 4 - 5 进入源码路径

③ 拷贝编译结果到 NFS 网络文件系统路径。

```
cp app_led1drv_led1.ko ~/nfsroot
```

④ 通过运行双椒派 NFS 网络挂载路径运行程序进行验证。

```
ARCH      ?= arm64
CROSS_COMPILE    ?= aarch64-none-linux-gnu-

KERN_DIR =  /home/Phytium/chillipi/phytium-linux-kernel

all:
        make -C $(KERN_DIR) M=`pwd` modules
        $(CROSS_COMPILE)gcc -lpthread -o app_led1 app_led1.c

clean:
        make -C $(KERN_DIR) M=`pwd` modules clean
        rm -rf modules.order  app_led1 *.o

obj-m += drv_led1.o
~
```

图 4 - 6　修改 Makefile

```
Phytium@buaa:~/chillipi/led/1$ make
make -C /home/Phytium/chillipi/phytium-linux-kernel M=`pwd` modules
make[1]: 进入目录"/home/Phytium/chillipi/phytium-linux-kernel"
  CC [M]  /home/Phytium/chillipi/led/1/drv_led1.o
  Building modules, stage 2.
  MODPOST 1 modules
  CC    /home/Phytium/chillipi/led/1/drv_led1.mod.o
  LD [M]  /home/Phytium/chillipi/led/1/drv_led1.ko
make[1]: 离开目录"/home/Phytium/chillipi/phytium-linux-kernel"
aarch64-linux-gnu-gcc -lpthread -o app_led1 app_led1.c
Phytium@buaa:~/chillipi/led/1$ ls
app_led1    drv_led1.c   drv_led1.mod.c  drv_led1.o  modules.order
app_led1.c  drv_led1.ko  drv_led1.mod.o  Makefile    Module.symvers
Phytium@buaa:~/chillipi/led/1$ cp app_led1 drv_led1.ko ~/nfsroot/
```

图 4 - 7　编译源码(1)

首先将编译好的程序挂载到双椒派上,如图 4 - 8 所示。

```
mount - t nfs 192.168.2.102:/home/xxx/nfsroot /mnt

cd /mnt

ls
```

```
root@E2000-Ubuntu:~# mount -t nfs 192.168.2.102:/home/Phytium/nfsroot /mnt
root@E2000-Ubuntu:~# cd /mnt
root@E2000-Ubuntu:/mnt# ls
app_led1   drv_led1.ko  hello
```

图 4 - 8　挂载结果

运行程序命令如下所示:

```
insmod drv_led1.ko
./app_led1 /dev/led_gpio5_0 <value>
```

运行实例结果如下所示:

```
root@E2000 - Ubuntu:/mnt# insmod drv_led1.ko

root@E2000 - Ubuntu:/mnt# ./app_led1 /dev/led_gpio5_0 0

read gpio5_0 value: 1

write gpio5_0 value: 0

root@E2000 - Ubuntu:/mnt# ./app_led1 /dev/led_gpio5_0 1

read gpio5_0 value: 0

write gpio5_0 value: 1
```

实验过程观察全彩 LED 的蓝色灯的亮灭情况。

2. 飞腾 E2000D LED 控制实验(2)

(1) 实验目的

① 学习 LED 驱动电路原理;

② 熟悉 SYSFS 虚拟文件系统;

③ 学习飞腾 E2000D 平台 GPIO 应用编程。

(2) 实验设备

① 双椒派实验开发板;

② 外设模块底板的 LED 灯;

③ PC,Ubuntu20.04;

④ 连接 PC 和开发板的 USB 线。

(3) 硬件原理

本实验使用 E2000D 的 GPIO5_0 实现 RGB_LED 蓝色灯的开关控制,原理图如图 4 - 9 所示。

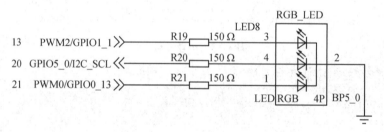

图 4 - 9 飞腾 E2000D LED 控制实验(2)硬件原理

(4) 程序设计

本程序通过/sys/class/gpio 下的 GPIO 控制器节点导出 GPIO 设备节点,然后对设备节点提供的属性文件进行配置完成 GPIO5_0 的输出控制,实现对应 LED 灯的开关。应用程序流程如图 4 - 10 所示。

核心数据结构如图 4 - 11 所示。

该结构定义了一组 GPIO controller:

● group:GPIO controller 是第几个;

● num[16]:该组 GPIO controller 对应的 GPIO 编号。

核心函数说明如下:

● gpio_config 函数用于设置导出后的 GPIOx 节点的文件属性,包括用于中断的模式 edge、方向 direction、有效电平 active_low、值 value。

(5) 实验步骤

该实验源码程序包含 led2. c、gpio_mode. c、gpio_mode. h 及 Makefile 四个文件,实验步骤如下:

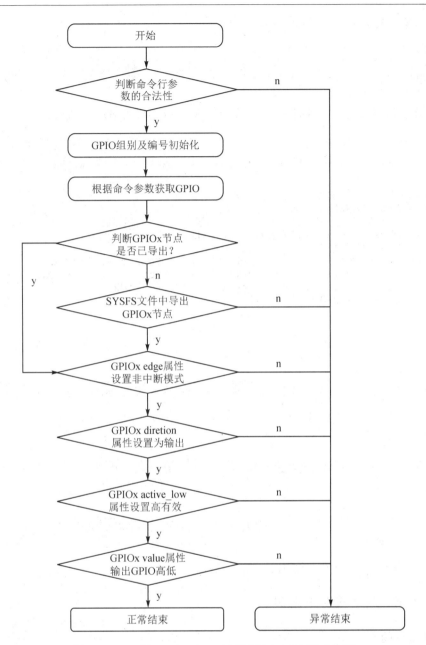

图 4 - 10　飞腾 E2000D LED 控制实验(2)应用程序流程

```
struct gpio_desc{
    unsigned int group;
    unsigned int num[16];
};
```

图 4 - 11　飞腾 E2000D LED 控制实验(2)核心数据结构

① 进入源码路径,修改 Makefile 文件并保存。

```
cd led/2
ls
vim Makefile
```

② 编译源码生成编译文件,图 4－12 所示为编译后生成 LED2 可执行文件。

```
make
ls
```

```
Phytium@buaa:~/chillipi$ cd led/2/
Phytium@buaa:~/chillipi/led/2$ ls
'\'    gpio_mode.c   gpio_mode.h   led2.c   Makefile
Phytium@buaa:~/chillipi/led/2$ vim Makefile
Phytium@buaa:~/chillipi/led/2$ make
aarch64-linux-gnu-gcc -Wall -nostdlib -c led2.c -o led2.o
aarch64-linux-gnu-gcc -Wall -nostdlib -c gpio_mode.c -o gpio_mode.o
aarch64-linux-gnu-gcc led2.o gpio_mode.o -o led2
Phytium@buaa:~/chillipi/led/2$ cp led2 ~/nfsroot/
```

图 4－12　编译源码(2)

③ 拷贝编译结果到 NFS 网络文件系统路径。

```
cp led2 ～/nfsroot
```

④ 通过运行双椒派 NFS 网络挂载路径运行程序进行验证。

运行程序命令如下所示:

```
./led2 <gpio group><gpio num> <value>
```

运行实例结果如下所示:

```
root@E2000 - Ubuntu:/mnt# ./led2 5 0 1        点亮蓝灯
root@E2000 - Ubuntu:/mnt# ./led2 5 0 0        关闭蓝灯
```

实验过程观察全彩 LED 的蓝色灯的亮灭情况。

3. 飞腾 E2000D 按键中断实验

(1) 实验目的

① 学习 GPIO 中断原理;

② 熟悉 SYSFS 虚拟文件系统;

③ 学习飞腾 E2000D 平台 GPIO 中断配置及 poll 方式读取键值。

(2) 实验设备

① 双椒派实验开发板;

② 外设模块底板的按键 1 和按键 2;

③ PC,Ubuntu20.04;

④ 连接 PC 和开发板的 USB 线。

（3）硬件原理

本实验按键使用 E2000D 的 GPIO4_1、GPIO4_3，硬件原理如图 4 - 13 所示。

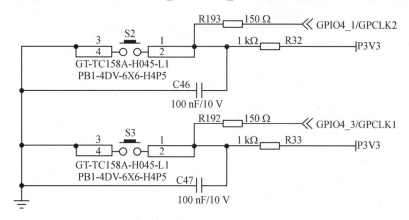

图 4 - 13　飞腾 E2000D 按键中断实验硬件原理

图 4 - 13 为按键电路原理图，当按键 S2、S3 按下、松开对应 GPIO4_1、GPIO4_3 电平为高或低，产生上升或下降沿，当 GPIO 被配置为双沿中断模式时，触发 E2000D GPIO GIC 产生中断，进入 IRQ 处理程序，IRQ 发送中断事件唤醒 poll 进程，poll 读取按键键值并打印。

（4）程序设计

本程序通过/sys/class/gpio 下的 GPIO 控制器节点导出 GPIO 设备节点，然后对设备节点提供的属性文件进行配置完成对应 GPIO 的中断控制，并通过 poll 函数以休眠方式等待用户按下按键产生中断唤醒 poll 函数，读取按键值并打印。应用程序流程如图 4 - 14 所示。

核心数据结构如图 4 - 15 所示。

该结构定义了一组 GPIO controller：

● group：GPIO controller 是第几个；

● num[16]：该组 GPIO controller 对应的 GPIO 编号。

核心函数说明如下：

● gpio_config 函数用于设置导出后的 GPIOx 节点的文件属性，包括用于中断使能的 edge、方向 direction、有效电平 active_low、值 value。

● poll 函数监视并等待多个文件描述符的属性变化。若属性无变化则进入 sleep 状态，timerout 可以设置 sleep 的时间，定期唤醒自己。nfds 是 fds 的个数，也就是同时监视 fds 定义的文件描述符个数。

（5）实验步骤

该实验程序包含 key.c 及 Makefile 两个文件，实验步骤如下：

① 进入 key 源码路径，修改 Makefile 文件并保存。

```
cd key/
ls
vim Makefile
```

② 编译源码生成编译文件，如图 4 - 16 所示编译后生成 key 可执行文件。

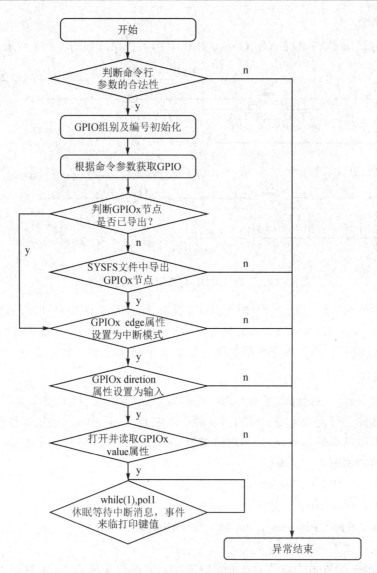

图 4 - 14　飞腾 E2000D 按键中断实验应用程序流程

```
struct gpio_desc{
    unsigned int group;
    unsigned int num[16];
};
```

图 4 - 15　飞腾 E2000D 按键中断实验核心数据结构

```
make
ls
```

③ 拷贝编译结果到 NFS 网络文件系统路径。

```
cp key ~/nfsroot
```

④ 通过运行双椒派 NFS 网络挂载路径运行程序进行验证运行 key 程序。

```
Phytium@buaa:~/chillipi$ cd key/
Phytium@buaa:~/chillipi/key$ ls
key.c  Makefile
Phytium@buaa:~/chillipi/key$ vim Makefile
Phytium@buaa:~/chillipi/key$ make
aarch64-linux-gnu-gcc -Wall -nostdlib -c key.c -o key.o
aarch64-linux-gnu-gcc key.o -o key
Phytium@buaa:~/chillipi/key$ ls
key  key.c  key.o  Makefile
Phytium@buaa:~/chillipi/key$ cp key ~/nfsroot
```

图 4 - 16　编译源码(3)

运行 key 程序命令如下：

```
./key <gpio group> <gpio num>
```

按键 1：使用第 4 组 GPIO 控制器的第 3 个 GPIO 作为按键输入中断，当按下或松开按键时会打印键值及事件变化信息，结果如图 4 - 17 所示。

root@E2000 - Ubuntu:/mnt # ./key 4 3

```
root@E2000-Ubuntu:/mnt# mount -t nfs 192.168.2.102:/home/Phytium/nfsroot /mnt
root@E2000-Ubuntu:/mnt# ./key 4 1
please press button...
key interrupt event
key value = 0


key interrupt event
key value = 1


key interrupt event
key value = 0


key interrupt event
key value = 1
```

图 4 - 17　按键 1 事件捕捉运行结果

按键 2：使用第 4 组 GPIO 控制器的第 1 个 GPIO 作为按键输入中断，当按下或松开按键时会打印键值及事件变化信息，结果如图 4 - 18 所示。

root@E2000 - Ubuntu:/mnt # ./key 4 1

```
root@E2000-Ubuntu:/mnt# ./key 4 3
please press button...
key interrupt event
key value = 0

key interrupt event
key value = 1

key interrupt event
key value = 0

key interrupt event
key value = 1
```

图 4 - 18　按键 2 事件捕捉运行结果

4. 飞腾 E2000D 步进电机实验

(1) 实验目的

① 学习步进电机驱动原理；

② 熟悉 SYSFS 虚拟文件系统；

③ 学习飞腾 E2000D 平台 GPIO 应用编程。

(2) 实验设备

① 双椒派实验开发板；

② 外设模块底板的 4 相步进电机；

③ PC，Ubuntu20.04；

④ 连接 PC 和开发板的 USB 线。

(3) 硬件原理

本实验使用 E2000D 的 GPIO4_11、GPIO5_12、GPIO5_13、GPIO5_14，4 相步进电机电路如图 4-19、图 4-20 和图 4-21 所示。

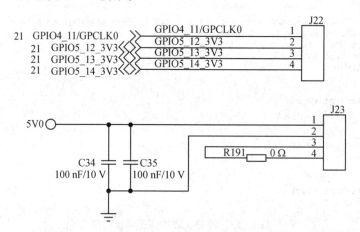

图 4-19 飞腾 E2000D 步进电机实验硬件原理-1

图 4-21 为 E2000D 驱动 4 相步进电机电路原理图。电机工作原理为转子在某个通电磁感线圈的磁吸下向着该方向旋转，按顺序依次对磁感线圈通断电，电机转子会向着一个方向转动。4 相步进电机按照通电顺序的不同，可分为单四拍、双四拍、八拍三种工作方式。单四拍与双四拍的步距角相等，但单四拍的转动力矩小。八拍工作方式的步距角是单四拍与双四拍的一半，因此，八拍工作方式既可以保持较高的转动力矩，又可以提高控制精度。

单四拍、双四拍与八拍工作方式的电源通电时序与波形如图 4-22 所示，从左到右依次为单四拍、双四拍和八拍。

(4) 程序设计

本程序通过/sys/class/gpio 下的 GPIO 控制器节点导出 GPIO 设备节点，对设备节点提供的属性文件进行配置，然后对相应 GPIO 按顺序给出高低电平，使得功率驱动器件按照单拍的方式驱动 4 相步进电机工作。应用程序流程如图 4-23 所示。

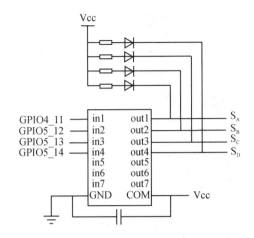

图 4 - 20　飞腾 E2000D 步进电机实验硬件原理- 2

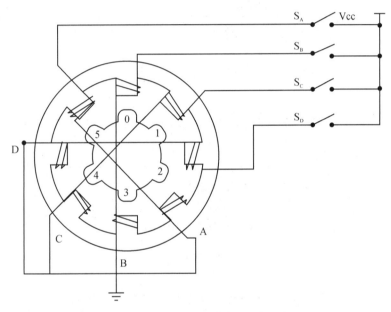

图 4 - 21　飞腾 E2000D 步进电机实验硬件原理- 3

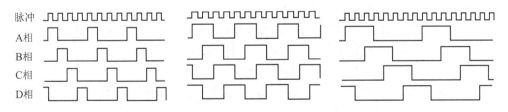

图 4 - 22　单四拍、双四拍和八拍工作方式的电源通电时序与波形

核心数据结构说明如图 4 - 24 所示。

该结构用于定义驱动 4 相电机的 GPIO,成员包括 GPIO 控制器组数及对应的 GPIO 编号:

● group:GPIO controller 是第几个;

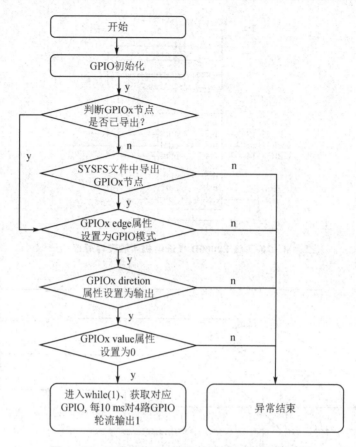

图 4-23　飞腾 E2000D 步进电机实验应用程序流程

```
struct gpio_desc{
    unsigned int group;
    unsigned int num;
};
```

图 4-24　飞腾 E2000D 步进电机实验核心数据结构

- num：对应的 GPIO 编号。

核心函数说明：

- gpio_config 函数用于设置导出后的 GPIOx 节点的文件属性，包括用于中断使能的 edge、方向 direction、有效电平 active_low、值 value。
- gpio_set 函数用于初始化电机驱动使用到的 4 路 GPIO 值。
- gpio_get 函数用于获取步进电机使用的对应的 GPIO 信息。参数 * gpio 表示获取的 GPIO 信息，num 表示 4 路 GPIO 编号，取值范围为 0～3。

（5）实验步骤

该实验程序包含 motor.c 及 Makefile 两个文件，实验步骤如下：

① 进入 motor_step 源码路径，修改 Makefile 文件并保存。

```
cd motor_step/
ls
vim Makefile
```

② 编译源码生成编译文件,如图 4 - 25 所示编译后生成 motor 可执行文件。

```
make
ls
```

```
Phytium@buaa:~/chillipi$ cd motor_step/
Phytium@buaa:~/chillipi/motor_step$ ls
Makefile  motor.c
Phytium@buaa:~/chillipi/motor_step$ vim Makefile
Phytium@buaa:~/chillipi/motor_step$ make
aarch64-linux-gnu-gcc -Wall -nostdlib -c motor.c -o motor.o
aarch64-linux-gnu-gcc motor.o -o motor
Phytium@buaa:~/chillipi/motor_step$ ls
Makefile  motor  motor.c  motor.o
```

图 4 - 25　编译源码(4)

③ 拷贝编译结果到 NFS 网络文件系统路径。

```
cp motor ~/nfsroot
```

④ 通过运行双椒派 NFS 网络挂载路径运行程序进行验证运行 motor 程序。

```
./motor
```

观察外设模块板上的步进电机运转情况。

5. 飞腾 E2000D 超声波测距实验

(1) 实验目的

① 学习超声波测距原理;

② 熟悉 SYSFS 虚拟文件系统;

③ 学习飞腾 E2000D 平台 GPIO 应用编程。

(2) 实验设备

① 双椒派实验开发板;

② 外设模块底板的 HY - SRF05 超声波模块;

③ PC,Ubuntu20.04;

④ 连接 PC 和开发板的 USB 线。

(3) 硬件原理

本实验使用 E2000D 的 GPIO4_4、GPIO4_5,GPIO4_4 控制超声波发送,GPIO4_5 对应接收,硬件原理图如图 4 - 26 所示。

超声波测距过程如下:超声波在空气中速度是 340 m/s,传播 1 cm 用时为:29.4 μs,若接收超声回波时间为 t,则可计算出距离(cm)为 $t/29.4$ μs。

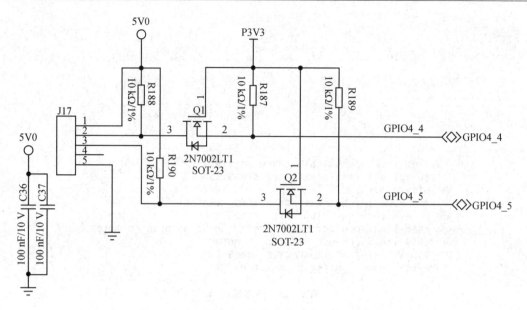

图 4 - 26 飞腾 E2000D 超声波测距实验硬件原理

（4）程序设计

本程序通过/sys/class/gpio 下的 GPIO 控制器节点导出 GPIO 设备节点,然后对设备节点提供的属性文件进行配置,对超声波发送使能 GPIO4_4 设置为输出并初始化为低电平,对接收信号的 GPIO4_5 配置为中断,触发方式为 both edge。当测量开始,控制 GPIO4_4 产生 10 μs 的高电平,之后通过读取 ns 级别精度的时钟计数计算出 GPIO4_5 中断触发电平的翻转时间,通过超声波测距公式进行距离计算并打印。应用程序流程如图 4 - 27 所示。

（5）实验步骤

该实验程序包含 ultrasonic. c 及 Makefile 两个文件,实验步骤如下:

① 进入 ultrasonic 源码路径,修改 Makefile 文件并保存。

```
cd ultrasonic/
ls
vim Makefile
```

② 编译源码生成编译文件,如图 4 - 28 所示编译后生成 ultrasonic 可执行文件。

```
make
ls
```

③ 拷贝编译结果到 NFS 网络文件系统路径。

```
cp ultrasonic ~/nfs_rootfs/
```

④ 通过运行双椒派 NFS 网络挂载路径运行程序进行验证运行 ultrasonic 程序。

运行结果如图 4 - 29 所示。可以遮挡超声波传感器,观察采集的距离数据变化。

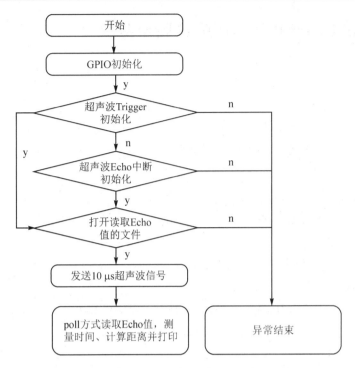

图 4 - 27　飞腾 E2000D 超声波测距实验应用程序流程

```
Phytium@buaa:~/chillipi$ cd ultrasonic/
Phytium@buaa:~/chillipi/ultrasonic$ ls
Makefile  ultrasonic.c
Phytium@buaa:~/chillipi/ultrasonic$ vim Makefile
Phytium@buaa:~/chillipi/ultrasonic$ make
aarch64-linux-gnu-gcc -Wall -nostdlib -c ultrasonic.c -o ultrasonic.o
aarch64-linux-gnu-gcc ultrasonic.o -o ultrasonic
Phytium@buaa:~/chillipi/ultrasonic$ ls
Makefile  ultrasonic  ultrasonic.c  ultrasonic.o
```

图 4 - 28　编译源码(5)

```
root@E2000-Ubuntu:/mnt# mount -t nfs 192.168.2.102:/home/Phytium/nfsroot /mnt
root@E2000-Ubuntu:/mnt# ./ultrasonic
distance = 93.54cm
distance = 90.99cm
distance = 89.76cm
distance = 5.14cm
distance = 89.97cm
distance = 89.90cm
distance = 5.61cm
distance = 8.33cm
distance = 14.59cm
distance = 20.44cm
distance = 18.27cm
distance = 21.53cm
distance = 29.29cm
distance = 34.80cm
distance = 33.54cm
distance = 37.21cm
distance = 39.49cm
distance = 45.78cm
distance = 677.55cm
```

图 4 - 29　运行结果

4.2.2　飞腾 E2000D PWM 脉宽调制实验

(1) 实验目的

① 熟悉 PWM 原理；

② 熟悉 SYSFS 虚拟文件系统；

③ 熟悉飞腾 E2000D 平台 PWM 应用编程。

(2) 实验设备

① 双椒派实验开发板；

② 外设模块底板的 LED_RGB 灯；

③ PC，Ubuntu20.04；

④ 连接 PC 和开发板的 USB 线。

(3) 硬件原理

本实验通过 E2000D 的 PWM0 及 PWM2 两路 PWM 分别驱动 LED_RGB 的红色和绿色等的呼吸效果，PWM 连接 LED 的硬件原理如图 4-30 所示。

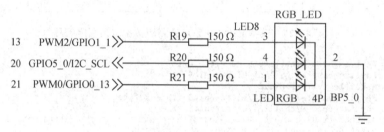

图 4-30　飞腾 E2000D PWM 脉宽调制实验硬件原理

PWM(Pulse WidthModulation)脉冲宽度调制,是指 PWM 信号在固定周期下对输出高电平的时长进行调制的过程。PWM 信号涉及频率、周期、占空比几个指标：

● 频率:单位时间内输出信号的个数；

● 周期:单个 PWM 信号的时长；

● 占空比:高电平时长占周期时长的比率,如图 4-31 所示。

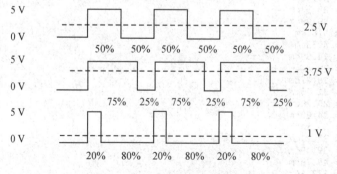

图 4-31　PWM 信号占空比示意图

（4）程序设计

应用程序流程图如图 4-32 所示。

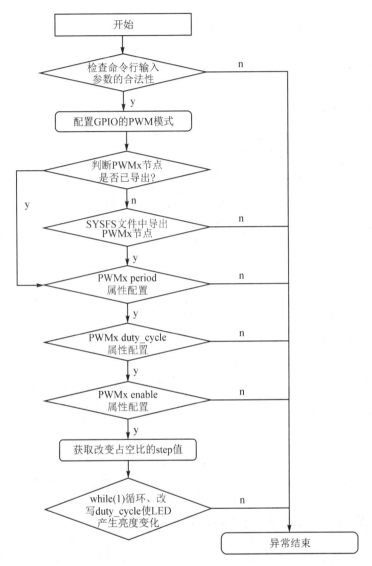

图 4-32　飞腾 E2000D PWM 脉宽调制实验流程图

核心函数说明：

pwm_config 函数用于修改 PWM 各类属性值。

● attr：PWMx 节点文件属性；

● val：PWMx 节点文件属性值；

● node：PWMx 节点。

（5）实验步骤

该实验程序包含 pwm. c、gpio_mode. c 及 Makefile 三个文件，实验步骤如下：

① 进入 PWM 源码路径，修改 Makefile 文件并保存。

```
cd pwm/
ls
vim Makefile
```

② 编译源码生成编译文件,如图 4-33 编译后生成驱动 PWM 可执行文件。

```
make
ls
```

```
Phytium@buaa:~/chillipi$ cd pwm/
Phytium@buaa:~/chillipi/pwm$ ls
gpio_mode.c  gpio_mode.h  Makefile  pwm.c
Phytium@buaa:~/chillipi/pwm$ vim Makefile
Phytium@buaa:~/chillipi/pwm$ make
aarch64-linux-gnu-gcc -Wall -nostdlib -c pwm.c -o pwm.o
aarch64-linux-gnu-gcc -Wall -nostdlib -c gpio_mode.c -o gpio_mode.o
aarch64-linux-gnu-gcc pwm.o gpio_mode.o -o pwm
Phytium@buaa:~/chillipi/pwm$ ls
gpio_mode.c  gpio_mode.h  gpio_mode.o  Makefile  pwm  pwm.c  pwm.o
```

图 4-33 编译结果(1)

③ 拷贝编译结果到 NFS 网络文件系统路径。

```
cp pwm ~/nfsroot
```

④ 通过运行双椒派 NFS 网络挂载路径运行程序进行验证运行 PWM 程序。

运行 PWM 程序:

```
./pwm <num> num:0,2,0-2
```

运行实例:

```
root@E2000-Ubuntu:/mnt# ./pwm 0            观察红灯呼吸效果
root@E2000-Ubuntu:/mnt# ./pwm 2            观察绿灯呼吸效果
root@E2000-Ubuntu:/mnt# ./pwm 0-2          观察红绿灯同时呼吸效果
```

4.2.3 飞腾 E2000D 串口舵机控制实验

串口 UART 通信是常见的设备间通信方式之一,设备间遵循一致的 UART 规范与协议(信号电平、波特率、停止位、校验位、流控等)都可通过 UART 进行设备间通信,本小节完成 UART 通信与控制舵机的实验。

(1) 实验目的

① 熟悉 UART 总线通信原理;

② 熟悉 UART 通信配置;

③ 熟悉飞腾 E2000D 平台 UART 应用编程;

④ 熟悉舵机控制过程。

(2) 实验设备

① 双椒派实验开发板;

② 外设模块底板的舵机及舵机控制器；

③ PC，Ubuntu20.04；

④ 连接 PC 和开发板的 USB 线。

（3）硬件原理

本实验使用 UART2 对舵机进行控制，UART 连接电路原理如图 4-34 所示。

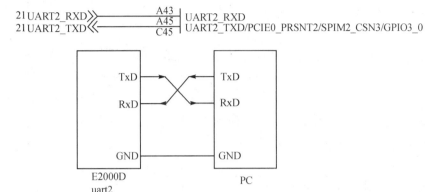

图 4-34　飞腾 E2000D 串口舵机控制实验硬件原理

（4）程序设计

本程序双椒派板子 E2000D UART2 串口与舵机控制板的串口连接，双方的波特率为 115200，一帧数据中包括 8 个数据位，1 个停止位，无校验位。二者程序通过 ModBus RTU 命令协议通信。双椒派板子读取舵机控制板软件版本号后等待舵机控制板的开始按键命令，一旦读取到开始按键被按下的信息即会发送命令点亮 LED 并让舵机转动至 180°，然后等舵机完成指令，检测到舵机完成该指令后再次发送命令让舵机转动至 0°，然后等待舵机完成指令，最后关掉 LED 程序结束。应用程序流程图如图 4-35 所示。

核心数据结构说明如图 4-36 所示。

该结构体定义了串口的端口号、波特率、数据位、停止位、校验方式，配置串口的信息由此结构定义。

核心函数说明如下：

● uart_setting 串口设置函数。该函数通过结构体 termios 调用 POSIX 规范中定义的标准接口，完成对终端接口的实际控制。

● steering_ctrl 舵机控制函数。该函数封装了实验例程的舵机控制命令。

（5）实验步骤

该实验程序包含 uart_steering.c 及 Makefile 两个文件，实验步骤如下：

① 进入 uart/steeringCtrl 源码路径，修改 Makefile 文件并保存。

```
cd uart/
ls
vim Makefile
```

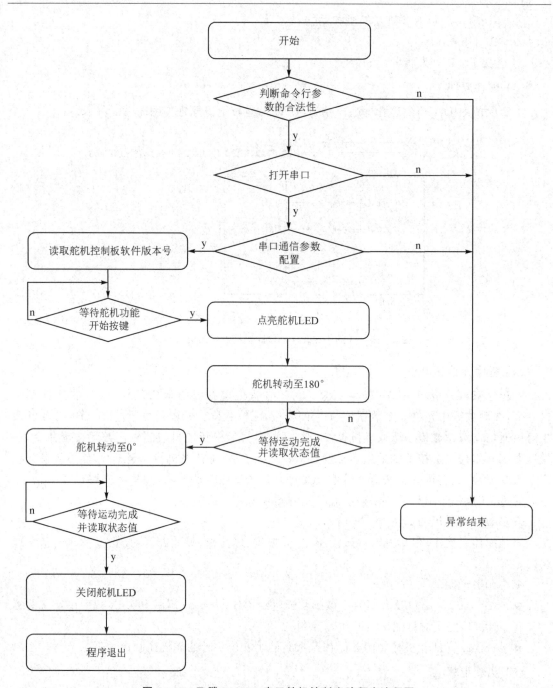

图 4 - 35　飞腾 E2000D 串口舵机控制实验程序流程图

② 编译源码生成编译文件,如图 4 - 37 编译后生成 uart_steering 可执行文件。

```
cd uart/
ls
```

③ 拷贝编译结果到 NFS 网络文件系统路径。

```
cp uart_steering ~/nfsroot
```

```
enum uart_port{
    COMPORT1 = 1,
    COMPORT2 = 2,
    COMPORT_MAX,
};

enum check_event{
    ODD,
    EVEN,
    NONE,
    EVENT_MAX,
};

struct uart_desc{
    enum uart_port port;
    unsigned int baudrate;
    unsigned char nbits;
    unsigned char stopbit;
    enum check_event event;
};
```

图 4－36　飞腾 E2000D 串口舵机控制实验核心数据结构

```
Phytium@buaa:~/chillipi$ cd uart/
Phytium@buaa:~/chillipi/uart$ ls
Makefile  uart_steering.c
Phytium@buaa:~/chillipi/uart$ vim Makefile
Phytium@buaa:~/chillipi/uart$ make
aarch64-linux-gnu-gcc -Wall -nostdlib -c uart_steering.c -o uart_steering.o
aarch64-linux-gnu-gcc uart_steering.o -o uart_steering
Phytium@buaa:~/chillipi/uart$ ls
Makefile  uart_steering  uart_steering.c  uart_steering.o
```

图 4－37　编译结果（2）

④ 下载程序到双椒派目标板进行验证。

```
./uart_steering 2
```

运行程序后，程序打印舵机控制器软件版本号。当按下舵机控制器通信使能"按键 3"后，观察舵机运行变化及串口通信和舵机状态指示灯的变化，如图 4－38 所示。

```
root@E2000-Ubuntu:/mnt# mount -t nfs 192.168.2.102:/home/Phytium/nfsroot /mnt
root@E2000-Ubuntu:/mnt# ./uart_steering 2
version: V0.1

please press key3...

steering activing...
```

图 4－38　串口舵机控制程序运行结果

思考与练习

1. 参考《双椒派扩展板使用说明书.pdf》理解开发板套件的全彩 LED 灯。编写程序对全彩 LED 红色与绿色灯进行开关控制，要求以驱动模块的方式实现该控制功能。请思考：飞腾 E2000D cpu GPIO 通用控制驱动程序如何实现？

2. 参考《双椒派扩展板使用说明书.pdf》理解开发板套件的全彩 LED 灯。编写程序完成对全彩 LED 红色与绿色灯的开关控制，要求使用 SYSFS 虚拟文件系统进行开发。

3．参考《双椒派扩展板使用说明书.pdf》理解开发板套件的按键原理。编写程序完成如下功能：按下按键 1 点亮全彩 LED 的任意颜色灯，按下按键 3 关闭全彩 LED 全部颜色灯。

4．参考《双椒派扩展板使用说明书.pdf》理解开发板套件的步进电机原理。编写程序完成如下功能：按下按键 1 启动步进电机，按下按键 3 停止步进电机。

5．参考《双椒派扩展板使用说明书.pdf》理解开发板套件的超声波工作原理。编写程序完成如下功能：按下按键 1 启动超声波测距并打印距离信息，如果检测到距离小于 10cm 则点亮全部全彩 LED 灯并打印碰撞告警信息。

6．请编写程序完成如下功能：按下按键 1 启动超声波测距并打印距离信息，请根据超声波测距值调整全彩 LED 灯红灯和绿灯的亮度，亮度与距离成反比，即距离越近亮度越高。

7．请使用超声波测距传感器及舵机和全彩 LED 灯自己设计一套系统模拟飞行避障过程（不考虑飞行速度因素），当检测距离障碍物到某阈值则开启舵机控制方向躲避障碍物，同时点亮或熄灭警告提示灯。

第 5 章　基于飞腾 CPU 的接口开发综合实验

在这一章中,我们将深入探索 E2000D 处理器强大的通信接口及其在实际应用中的实现。从基本的 UART 通信到复杂的 SPI 和 I2C 协议,我们将逐步揭示如何利用这些接口在设备间传递信息,以及它们在各类传感器和显示设备中的应用。本章旨在提供一个清晰的理解框架,使得读者能够在自己的项目中灵活地应用这些通信技术。

5.1　飞腾 E2000D 处理器的主要通信接口

本节介绍了 E2000D 处理器支持的各种通信接口,为我们提供了一个基础,让我们可以理解这些接口如何成为处理器与外部世界沟通的桥梁。

UART 通信协议是最基础也是最广泛使用的串行通信形式之一,在这一节中,我们将探讨 UART 协议的基础知识,以及它在 E2000D 处理器上的实现和应用。I2C 通信协议为设备间的高速通信提供了一种有效的解决方案,我们将研究这种协议的工作原理及其在 E2000D 处理器上的配置和使用方法。SPI 协议以其高速性能和简单的接线需求而著称,这一节将深入讲解 SPI 的技术特性和如何在 E2000D 处理器上实施这一协议。

5.1.1　UART 通信协议

UART 数据帧结构介绍如图 5 - 1 所示,以一个 8 位数据帧为例。

图 5 - 1　UART 数据帧

数据帧各位定义如下所示:

- 起始位:起始位必须是持续一个比特时间的逻辑 0 电平,标志着传输一个字符的开始,接收方可用起始位使自己的接收时钟与发送方的数据同步。
- 数据位:数据位紧跟在起始位之后,是通信中的真正有效信息。数据位的位数可以由通信双方共同约定。传输数据时先传送字符的低位,后传送字符的高位。
- 奇偶校验位:奇偶校验位仅占 1 位,用于进行奇校验或偶校验,奇偶检验位不是必须有的。如果是奇校验,需要保证传输的数据总共有奇数个逻辑高位;如果是偶校验,需要保证传输的数据总共有偶数个逻辑高位。

- 停止位:停止位可以是 1 位、1.5 位或 2 位,可以由软件设定。它一定是逻辑 1 电平,标志着传输一个字符的结束。
- 空闲位:空闲位是指从一个字符的停止位结束到下一个字符的起始位开始,表示线路处于空闲状态,必须由高电平来填充。

单双工通信说明如下,具体示意图如图 5-2 所示。

- 单工:数据传输只支持数据在一个方向上传输;
- 半双工:允许数据在两个方向上传输,但某一时刻只允许数据在一个方向上传输,实际上是一种切换方向的单工通信,不需要独立的接收端和发送端,两者可合并为一个端口;
- 全双工:允许数据同时在两个方向上传输,因此全双工通信是两个单工方式的结合,需要独立的接收端和发送端。

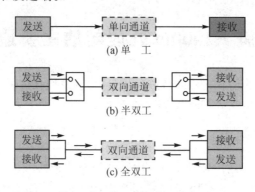

图 5-2　单双工通信示意图

5.1.2　I2C 通信协议

I2C 是常用的局部总线协议之一,早期由 Philips 公司设计。I2C 是一主(Master)多从(Device)的主从结构同步通信总线,主控制器对从设备寻址实现主从机之间数据通信。从机地址有 7 位与 10 位两种,这里根据实际实验需要以 7 位地址为例讲解。7 位地址情况下,一条 I2C 总线理论上最多可接入从设备数为 $2^7 = 128$ 个。

I2C 总线结构示意图如图 5-3 所示。

I2C 总线由两条物理数据线即时钟线 SCL 和数据线 SDA 构成,二者均需接上拉电阻,阻值一般 4.7 kΩ、5.1 kΩ、5.2 kΩ 等比较常见,结合 I2C 总线规范及芯片手册给出。需要说明,上拉电阻阻值的计算要复杂得多,实际电路中如无特殊要求只需要在参考 I2C 规范及实际器件说明书的基础上考虑通信速率和电路容抗特性进行选择即可。

I2C 总线标准模式下速度可以达到 100 kb/s,快速模式下可以达到 400 kb/s。I2C 总线空闲的时候 SCL 和 SDA 处于高电平。I2C 总线一次通信过程包括:

- 总线启动;
- 设备地址+读/写位+应答位;
- 设备寄存器地址+应答位;
- 读写的数据+应答位;

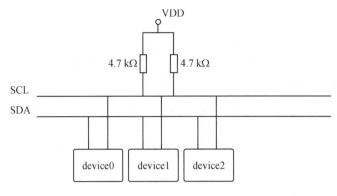

图 5 - 3　I2C 总线结构示意图

● 总线停止。

首先说明 I2C 数据读取信号规范。如图 5 - 4 所示,在总线启动与总线停止之间,I2C 数据通信遵循 SCL 低时 SDA 变化的原则,I2C 的数据读取发生在 SCL 为"1"期间,此时要求 SDA 为稳态。

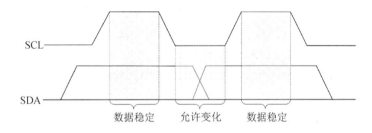

图 5 - 4　I2C 数据读取信号时 SCL 与 SDA 的变换关系

① 总线启动:通信开始数据起始位。SCL 为"1"时,SDA 由"1"跳变为"0",如图 5 - 5 所示。

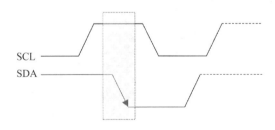

图 5 - 5　I2C 总线通信过程——总线启动

② 设备地址(8 位) + 应答位(1 位):设备地址的 bit[7:1]为 7 位设备地址,bit[0]为读/写控制,"1"为读,"0"为写,传输为 MSB 优先。ACK:正确应答,NACK:非正确应答,需总线停止重新发起通信,如图 5 - 6 所示。

③ 设备寄存器地址(8 位) + 应答位(1 位):设备寄存器地址为读/写地址。ACK:正确应答,NACK:非正确应答,需总线停止重新发起通信,如图 5 - 7 所示。

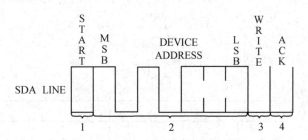

图 5 - 6　I2C 总线通信过程——设备地址＋读/写位＋应答位

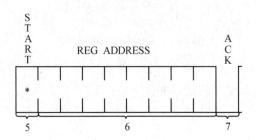

图 5 - 7　I2C 总线通信过程——设备寄存器地址＋应答位

④ 读/写的数据(8 位)＋应答位(1 位):8 位读/写数据。ACK:正确应答,NACK:非正确应答,需总线停止重新发起通信,如图 5 - 8 所示。

⑤ 总线停止:通信结束数据停止位。SCL 为"1"时,SDA 由"0"跳变为"1",如图 5 - 9 所示。

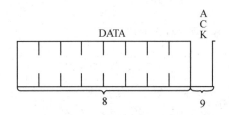

图 5 - 8　I2C 总线通信过程——读/写的数据＋应答位

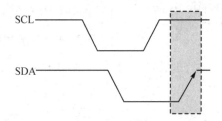

图 5 - 9　I2C 总线通信过程——总线停止

一次完整的 I2C 写过程如图 5 - 10 所示。

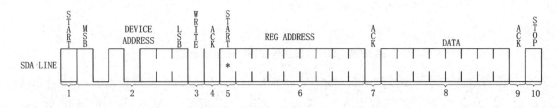

图 5 - 10　一次完整的 I2C 写过程

一次完整的 I2C 读过程如图 5 - 11 所示。

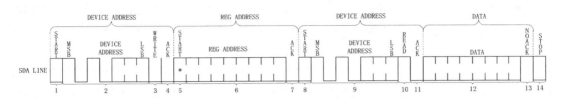

图 5 - 11　一次完整的 I2C 读过程

5.1.3　SPI 通信协议

SPI 局部通信总线是全双工同步串行总线,由 Motorola 公司设计。SPI 是同步数据总线,也就是说它用单独的数据线和单独的时钟信号来保证发送端和接收端的完美同步。产生时钟的一侧称为主机,另一侧称为从机。在 SPI 总线中,有且只能存在一个主机(一般来说可以是微控制器,该实例就是 E2000D),但是可以有多个从机。数据的采集时机可能是时钟信号的上升沿(从低到高)或下降沿(从高到低)。

SPI 总线包括 4 条逻辑线,定义如下:

- MISO:Master input slave output 主机输入,从机输出(数据来自从机);
- MOSI:Master output slave input 主机输出,从机输入(数据来自主机);
- SCLK:Serial Clock 串行时钟信号,由主机产生发送给从机;
- CS:Chip Select 片选信号,由主机发送,以控制与哪个从机通信,通常是低电平有效信号。

整体的传输大概可以分为以下几个过程,如图 5 - 12 所示。

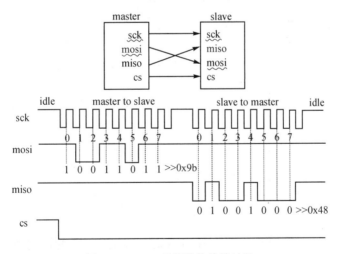

图 5 - 12　SPI 总线整体传输过程

- 主机先将 CS 信号拉低,开始收发数据;
- 当接收端检测到时钟的边沿信号时,将立即读取数据线上的信号,这样就得到了一位数据(1 bit);
- 主机发送数据到从机:主机产生相应的时钟信号,然后数据一位一位地将从 MOSI 信号线上发送到从机;

● 主机接收从机数据:如果从机需要将数据发送回主机,则主机将继续生成预定数量的时钟信号,并且从机会将数据通过 MISO 信号线发送。

时钟频率的概念如下:SPI 总线上的主机必须在通信开始时配置并生成相应的时钟信号。在每个 SPI 时钟周期内,都会发生全双工数据传输,即主机在 MOSI 线上发送一位数据,从机读取它;同时,从机在 MISO 线上也发送一位数据,被主机读取。因此就算只进行单向数据传输,也要保持如上的数据传输方式。这意味着对主机设备而言,无论接收任何数据,则其必须实际发送和接收数据长度相等的内容! 这些发送的数据被称为虚拟数据;从理论上讲,只要实际可行,时钟速率就可以是您想要的任何速率,当然这个速率受限于每个系统能提供多大的系统时钟频率,以及最大的 SPI 传输速率。

时钟极性(CKP/Clock Polarity)的概念如下:除了配置串行时钟速率(频率)外,SPI 主设备还需要配置时钟极性。根据硬件制造商的命名规则不同,时钟极性通常写为 CKP 或 CPOL。时钟极性和相位共同决定读取数据的方式,比如信号上升沿读取数据还是信号下降沿读取数据;CKP 可以配置为 1 或 0。这意味着可以根据需要将时钟的默认状态(IDLE)设置为高或低。极性反转可以通过简单的逻辑反相器实现,必须参考设备的数据手册才能正确设置 CKP 和 CKE。

● CKP=0:时钟空闲,IDLE 为低电平 0;
● CKP=1:时钟空闲,IDLE 为高电平 1。

时钟相位(CKE /Clock Phase (Edge))的概念如下:除配置串行时钟速率和极性外,SPI 主设备还应配置时钟相位(或边沿)。根据硬件制造商的不同,时钟相位通常写为 CKE 或 CPHA;顾名思义,时钟相位/边沿,也就是采集数据时是在时钟信号的具体相位或者边沿。

● CKE =0:在时钟信号 SCK 的第一个跳变沿采样;
● CKE =1:在时钟信号 SCK 的第二个跳变沿采样。

基于时钟极性及时钟相位的组合,SPI 总线共有四种模式,如表 5-1 所列。

表 5-1 SPI 总线模式

SPI 模式	cpol	cpha
00	0	0
01	0	1
10	1	0
11	1	1

5.2 飞腾 E2000D I2C 总线通信与应用

I2C 是最常用的局部通信总线接口之一,有很多传感器都会提供 I2C 接口与主控制器连接,比如 Audio CODEC 控制接口、接近传感器数据采集、I/O 扩展芯片控制、ADC 模块数据采集、LED 阵列控制、红外控制、小分辨率 OLED 屏幕显示等。本节学习如何使用 E2000D 的 I2C 接口实现如下两类设备的驱动实验:

● 驱动显示芯片 SH1106 实现 1.3 in(1 in=2.54 cm) OLED 显示屏显示功能;

● 驱动 ADC 芯片 PCF8591 实现环境光强、温度、数字电位器电压的数据采集功能。

5.2.1　飞腾 E2000D I2C 总线 OLED 屏显示实验

(1) 实验目的

① 熟悉 I2C 总线通信原理；

② 熟悉 OLED 屏驱动原理；

③ 熟悉飞腾 E2000D 平台 I2C 驱动及应用开发编程。

(2) 实验设备

① 双椒派实验开发板；

② 外设模块板上的 OLED 显示屏模块；

③ PC，Ubuntu20.04。

④ 连接 PC 和开发板的 USB 线。

(3) 硬件原理

本实验使用的 I2C 总线是 E2000D 的 I2C1，硬件原理如图 5－13 和图 5－14 所示。

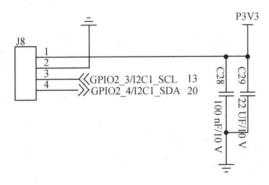

图 5－13　飞腾 E2000D I2C 总线 OLED 屏显示实验硬件原理(1)

E2000D 通过 I2C 接口与 OLED 显示屏进行通信。E2000D 的 I2C 接口 I2C1_SCL、I2C1_SDA 直连 OLED 外设模块 I2C 接口。原理图硬件上并未外接上拉电阻，按照 I2C 规范要求需要上拉电阻，需要使能 E2000D 内部上拉电阻。

(4) 程序设计

本程序使用设备树匹配方式设计驱动程序，OLED 设备属性字段如下：

```
compatible = "SinoWealth.sh1106";
```

设备树如图 5－15 所示。

```
&soc {
```

驱动程序流程图如图 5－16 所示。

应用程序流程图如图 5－17 所示。

首先介绍驱动程序核心数据结构及函数，核心数据结构说明如图 5－18 所示。

该结构体定义 I2C 总线数据收发消息体，4 个成员如下：

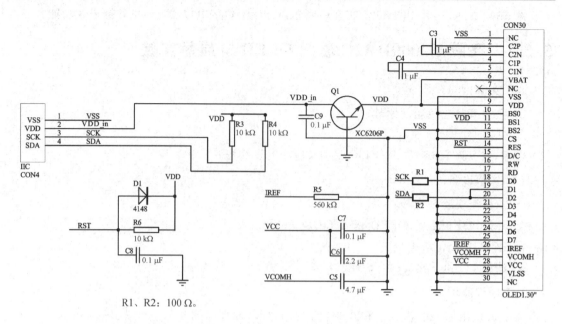

图 5 - 14　飞腾 E2000D I2C 总线 OLED 屏显示实验硬件原理(2)

```
&soc {
    mio6: i2c@28020000 {
        compatible = "phytium,i2c";
        reg = <0x0 0x28020000 0x0 0x1000>;
        interrupts = <GIC_SPI 98 IRQ_TYPE_LEVEL_HIGH>;
        clocks = <&sysclk_50mhz>;
        #address-cells = <1>;
        #size-cells = <0>;
        status = "okay";

        oled@3c {
            compatible = "SinoWealth,sh1106";
            reg = <0x3c>;
        };

        pcf8591@48 {
            compatible = "philips,pcf8591";
            reg = <0x48>;
        };
    };
```

图 5 - 15　设备树

- addr：I2C 从设备地址；
- flags：I2C 读/写；
- len：I2C 读/写长度；
- buf：I2C 读/写数据指针。

核心函数说明如下：

- i2c_transfer 函数为 I2C 设备的数据收发函数，参数如下：
  - adap：内核生成的 i2c client 结构；

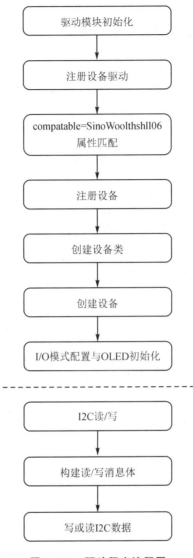

图 5-16　驱动程序流程图

■ msgs：I2C 收发消息结构体；

■ num：msgs 收发的个数。

然后介绍应用程序核心数据结构及函数，核心函数说明如下：

● ioctl 函数用于 I2C 应用层的数据收发，参数如下：

■ fd：打开的设备文件句柄；

■ request：由驱动定义的参数功能，这里被定义为 I2C 读/写命令；

■ …：由驱动定义的参数功能，这里被驱动定义为 I2C 数据 buffer。

(5) 实验步骤

该实验程序包含 app_sh1106.c、i2c_sh1106.c 及 Makefile 三个文件，实验步骤如下：

① 进入 I2C 下 sh1106 源码路径，修改 Makefile 文件并保存。

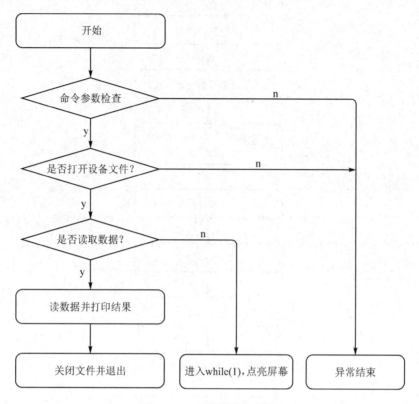

图 5 – 17　应用程序流程图

```
struct i2c_msg {
    __u16 addr;  /* slave address           */
    __u16 flags;
    __u16 len;       /* msg length              */
    __u8 *buf;       /* pointer to msg data        */
};
```

图 5 – 18　核心数据结构

```
cd i2c/sh1106/
ls
vim Makefile
```

② 编译源码生成编译文件,如图 5 – 19 编译后生成驱动 i2c_sh1106.ko 及应用 app_sh1106 可执行文件。

```
makels
```

③ 拷贝编译结果到 NFS 网络文件系统路径。

```
cp app_sh1106 i2c_sh1106.ko ~/nfsroot
```

④ 通过运行双椒派 NFS 网络挂载路径运行程序进行验证。

运行 OLED 程序,注意观察 OLED 显示屏的变化。

```
Phytium@buaa:~/chillipi$ cd i2c/sh1106/
Phytium@buaa:~/chillipi/i2c/sh1106$ ls
app_sh1106.c  i2c_sh1106.c  Makefile
Phytium@buaa:~/chillipi/i2c/sh1106$ vim Makefile
Phytium@buaa:~/chillipi/i2c/sh1106$ make
make -C /home/Phytium/chillipi/phytium-linux-kernel M=`pwd` modules
make[1]: 进入目录"/home/Phytium/chillipi/phytium-linux-kernel"
  CC [M] /home/Phytium/chillipi/i2c/sh1106/i2c_sh1106.o
  Building modules, stage 2.
  MODPOST 1 modules
  CC      /home/Phytium/chillipi/i2c/sh1106/i2c_sh1106.mod.o
  LD [M]  /home/Phytium/chillipi/i2c/sh1106/i2c_sh1106.ko
make[1]: 离开目录"/home/Phytium/chillipi/phytium-linux-kernel"
aarch64-linux-gnu-gcc -lpthread -o app_sh1106 app_sh1106.c
Phytium@buaa:~/chillipi/i2c/sh1106$ ls
app_sh1106    i2c_sh1106.c  i2c_sh1106.mod.c  i2c_sh1106.o  modules.order
app_sh1106.c  i2c_sh1106.ko  i2c_sh1106.mod.o  Makefile      Module.symvers
```

图 5 - 19　编译结果(1)

```
insmod i2c_sh1106.ko        装载驱动程序
./app_sh1106 /dev/sh1106    运行应用程序
```

5.2.2　飞腾 E2000D I2C 总线 ADC 数据采集实验

(1) 实验目的

① 熟悉 I2C 总线通信原理;

② 熟悉多通道 YL - 40 模块驱动原理;

③ 熟悉飞腾 E2000D 平台 I2C 驱动及应用开发编程。

(2) 实验设备

① 双椒派实验开发板;

② 外设模块板上的 YL - 40 数据采集模块;

③ PC,Ubuntu20.04;

④ 连接 PC 和开发板的 USB 线。

(3) 硬件原理

本实验使用的 I2C 总线是 E2000D 的 I2C1,硬件原理如图 5 - 20 所示。

YL - 40 模块有 4 路模拟输入,实际模块使用了 3 路,分别为 AIN0、AIN1、AIN3 三路模拟输入,分别对应光强、温度及电位器的电压采集,AOUT 模拟输出连接到 D1 发光二极管。

(4) 程序设计

本程序使用设备树匹配方式设计驱动程序,匹配属性字段如下:

```
compatible = "philips,pcf8591";
```

设备树如下:

```
&soc {
    mio6: i2c@28020000 {
        compatible = "phytium,i2c";
        reg = <0x0 0x28020000 0x0 0x1000>;
```

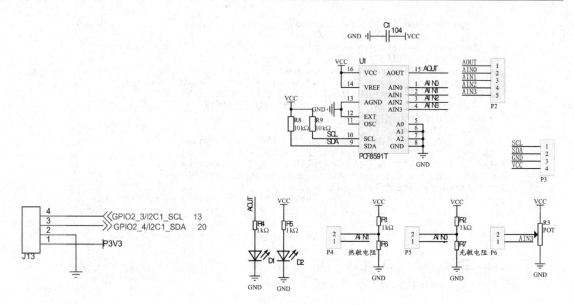

图 5 - 20 飞腾 E2000D I2C 总线 ADC 数据采集实验硬件原理

```
interrupts = <GIC_SPI 98 iRQ_TYPE_LEVEL_HIGH>;
clocks = <&sysclk_50mhz>;
#address - cells = <1>;
#size - cells = <0>;
status = "okay";

oled@3c {
    compatible = "SinoWealth,sh1106";
    reg = <0x3c>;
};

pcf8591@48 {
    compatible = "philips,pcf8591";
    reg = <0x48>;
};
};
}
```

驱动程序流程图如图 5 - 21 所示。

应用程序流程图如图 5 - 22 所示。

首先介绍驱动程序核心函数。i2c_smbus_read_byte_data 驱动函数使用 SMBus 协议的 I2C 通信,对应读/写函数为 i2c_smbus_write_byte_data 驱动函数。这两个函数分别对应 SMBus 协议的读与写,对应应用程序的 read 与 write 函数。本实验驱动中对这两个函数进行了封装,应用程序 read 与 write 函数通过 syscall 直接调用到的驱动函数为 pcf8591_read 函数和 pcf8591_write 函数。

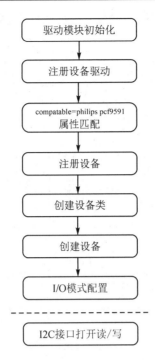

图 5 - 21　飞腾 E2000D I2C 总线 ADC 数据采集实验驱动程序流程图

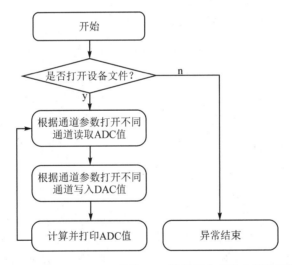

图 5 - 22　飞腾 E2000D I2C 总线 ADC 数据采集实验应用程序流程图

(5) 实验步骤

该实验程序包含 app_pcf8591.c、i2c_pcf8591.c 及 Makefile 三个文件,实验步骤如下:
① 进入 I2C 下 pcf8591 源码路径,修改 Makefile 文件并保存。

```
cd i2c/pcf8591/
ls
vim Makefile
```

② 编译源码生成编译文件,如图 5 - 23 所示编译后生成驱动 i2c_pcf8591.ko 及应用 app_pcf8591 可执行文件。

```
make
ls
```

```
Phytium@buaa:~/chillipi$ cd i2c/pcf8591/
Phytium@buaa:~/chillipi/i2c/pcf8591$ ls
app_pcf8591.c  i2c_pcf8591.c  Makefile
Phytium@buaa:~/chillipi/i2c/pcf8591$ vim Makefile
Phytium@buaa:~/chillipi/i2c/pcf8591$ make
make -C /home/Phytium/chillipi/phytium-linux-kernel M=`pwd` modules
make[1]: 进入目录"/home/Phytium/chillipi/phytium-linux-kernel"
  CC [M]  /home/Phytium/chillipi/i2c/pcf8591/i2c_pcf8591.o
  Building modules, stage 2.
  MODPOST 1 modules
  CC      /home/Phytium/chillipi/i2c/pcf8591/i2c_pcf8591.mod.o
  LD [M]  /home/Phytium/chillipi/i2c/pcf8591/i2c_pcf8591.ko
make[1]: 离开目录"/home/Phytium/chillipi/phytium-linux-kernel"
aarch64-linux-gnu-gcc -lpthread -o app_pcf8591 app_pcf8591.c
Phytium@buaa:~/chillipi/i2c/pcf8591$ ls
app_pcf8591    i2c_pcf8591.c  i2c_pcf8591.mod.c  i2c_pcf8591.o   modules.order
app_pcf8591.c  i2c_pcf8591.ko i2c_pcf8591.mod.o  Makefile        Module.symvers
Phytium@buaa:~/chillipi/i2c/pcf8591$ cp app_pcf8591 i2c_pcf8591.ko ~/nfsroot
```

图 5 - 23　编译结果(2)

③ 拷贝编译结果到 NFS 网络文件系统路径。

```
cp app_pcf8591 i2c_pcf8591.ko ~/nfsroot
```

④ 通过运行双椒派 NFS 网络挂载路径运行程序进行验证。

运行 ADC 采集程序命令,结果如下。

```
insmod i2c_pcf8591.ko                              装载驱动程序
./app_pcf8591 /dev/pcf8591  <channel>               运行应用程序
channel: 0, 1, 3
        0: brightness
        1: tmperature
        3: voltage
```

运行光强数据采集程序(PCF8591 的通道 0)如图 5 - 24 所示。采集到的光强数据会回写到 DAC 接口,驱动原理图中编号为 D1 的 LED 发光,程序运行过程中可以通过遮挡光传感器观察采集电压数值变化及外设模块底板中 HY - 40 上的 D1 LED 发光的强弱变化。

```
./ app_pcf8591 /dev/pcf8591 0
```

运行温度数据采集程序(PCF8591 的通道 1)如图 5 - 25 所示。采集到的温度数据会回写到 DAC 接口,驱动原理图中的编号为 D1 的 LED 发光,程序运行过程中可以通过改变热敏传感器温度观察采集电压数值变化及外设模块底板中 HY - 40 上的 D1 LED 发光的强弱变化。

```
./ app_pcf8591 /dev/pcf8591 1
```

运行电压数据采集程序(PCF8591 的通道 3)如图 5 - 26 所示。采集到的电压数据会回写到 DAC 接口,驱动原理图中编号为 D1 的 LED 发光,程序运行过程中调整数字电位器旋钮,

```
root@E2000-Ubuntu:/mnt# ./app_pcf8591 /dev/pcf8591 0
press 'q' to exit...
ADC0 = 1.009V
ADC0 = 1.009V
ADC0 = 2.679V
ADC0 = 2.679V
ADC0 = 2.614V
ADC0 = 2.769V
ADC0 = 2.769V
ADC0 = 2.640V
ADC0 = 2.640V
ADC0 = 2.575V
ADC0 = 2.575V
ADC0 = 2.575V
ADC0 = 2.562V
ADC0 = 2.718V
ADC0 = 2.718V
ADC0 = 2.756V
ADC0 = 2.601V
```

图 5 - 24　运行结果（channel0）

```
root@E2000-Ubuntu:/mnt# ./app_pcf8591 /dev/pcf8591 1
press 'q' to exit...
ADC1 = 2.381V
ADC1 = 2.381V
ADC1 = 2.381V
ADC1 = 2.381V
ADC1 = 3.300V
ADC1 = 3.300V
ADC1 = 3.300V
ADC1 = 3.300V
ADC1 = 3.300V
ADC1 = 3.300V
ADC1 = 3.300V
ADC1 = 3.300V
ADC1 = 3.300V
ADC1 = 3.300V
ADC1 = 3.300V
```

图 5 - 25　运行结果（channel1）

```
root@E2000-Ubuntu:/mnt# ./app_pcf8591 /dev/pcf8591 3
press 'q' to exit...
ADC3 = 3.300V
ADC3 = 1.087V
ADC3 = 1.087V
ADC3 = 1.333V
ADC3 = 1.553V
ADC3 = 1.540V
ADC3 = 1.216V
ADC3 = 0.932V
ADC3 = 0.673V
ADC3 = 0.673V
ADC3 = 0.479V
ADC3 = 0.479V
ADC3 = 0.479V
ADC3 = 1.488V
ADC3 = 1.488V
```

图 5 - 26　ADC 采集实验运行结果（channel3）

如图 5 - 27 所示,观察采集电压数值变化及外设模块底板中 HY - 40 上的 D1 LED 发光的强弱变化。

```
./ app_pcf8591 /dev/pcf8591 3
```

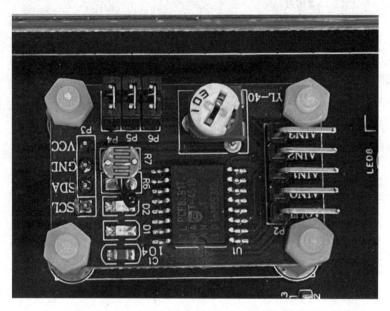

图 5 - 27　ADC 采集实验的电位器旋钮位置图

5.3　飞腾 E2000D SPI 总线通信与应用

SPI 是常用的局部通信总线接口之一,有很多传感器都会提供 SPI 接口和主控制器相连,比如陀螺仪、加速度传感器、触摸屏、LCD 屏幕,等等。本节学习如何使用 E2000D 的 SPI 接口实现如下三类设备的驱动实验:

- 驱动陀螺仪芯片 MPU6500 读取角速度、加速度、温度信息;
- 驱动显示芯片 ILI9488 实现 3.5 in LCD 显示屏显示功能;
- 驱动显示芯片 ILI9488 及触摸屏芯片 ADS7843 实现点击屏幕更新显示功能。

5.3.1　飞腾 E2000D SPI 总线读取陀螺仪数据实验

(1) 实验目的

① 熟悉 SPI 总线通信原理;

② 熟悉陀螺仪驱动原理;

③ 熟悉飞腾 E2000D 平台 SPI 驱动及应用开发编程。

(2) 实验设备

① 双椒派实验开发板;

② 外设模块板上的 MPU6500 陀螺仪模块;

③ PC,Ubuntu20.04;

④ 连接 PC 和开发板的 USB 线。

(3) 硬件原理

本实验使用的 SPI 总线是 E2000D 的 SPI2,硬件原理如图 5 - 28 和图 5 - 29 所示。

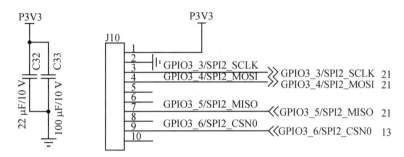

图 5 - 28　飞腾 E2000D SPI 总线读取陀螺仪数据实验硬件原理(1)

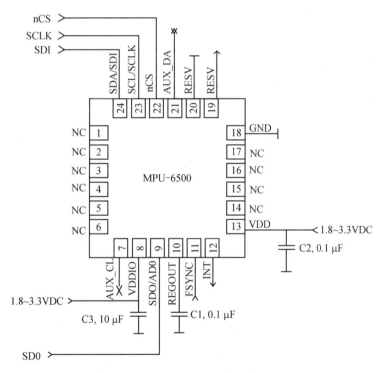

图 5 - 29　飞腾 E2000D SPI 总线读取陀螺仪数据实验硬件原理(2)

E2000D 通过 SPI2 接口与 MPU6500 陀螺仪模块通信。如图 5 - 29 所示,双椒派开发板给陀螺仪模块供 3.3 V 电源,E2000D 的 SPI2 对应信号连接陀螺仪 SPI 接口对应信号,注意数据线输入/输出的对应关系。E2000D SPI2 片选信号使用 CSN0。

(4) 程序设计

本程序使用设备树匹配方式设计驱动程序,匹配属性字段如下:

```
compatible = "InvenSense,mpu6500";
```

设备树如下：

```
&spi2 {
    global - cs = <1>;
    status = "okay";

    mpu6500@0 {
        compatible = "InvenSense,mpu6500";
        spi - max - frequency = <500000>;
        reg = <0>;
        spi - cpol;
        spi - cpha;
    };
};
```

驱动程序流程图如图 5 - 30 所示。

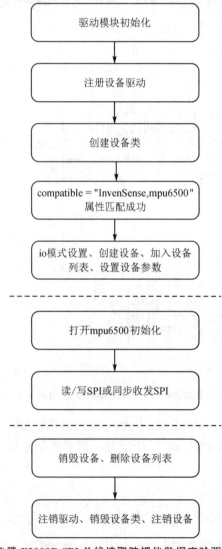

图 5 - 30　飞腾 E2000D SPI 总线读取陀螺仪数据实验驱动程序流程图

应用程序流程图如图 5 - 31 所示。

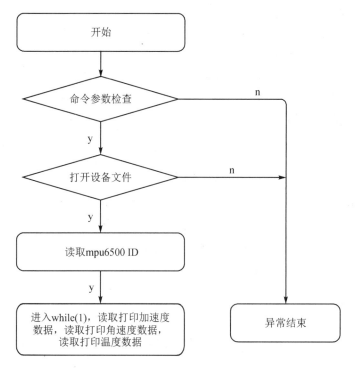

图 5 - 31　飞腾 E2000D SPI 总线读取陀螺仪数据实验应用程序流程图

首先介绍驱动程序核心数据结构及函数,核心数据结构如图 5 - 32 所示。

```
struct mpu6500_data {
    dev_t           devt;
    spinlock_t      spi_lock;
    struct spi_device    *spi;
    struct list_head     device_entry;

    /* TX/RX buffers are NULL unless this device is open */
    struct mutex    buf_lock;
    unsigned char   *tx_buffer;
    unsigned char   *rx_buffer;
    unsigned int    speed_hz;
};
```

图 5 - 32　飞腾 E2000D SPI 总线读取陀螺仪数据实验核心数据结构

该结构体定义 MPU6500 设备综合信息,成员说明分别如下:

● devt:设备索引;

● spi_lock:spi 总线自旋锁;

● device_entry:设备链表;

● buf_lock:收发 buffer 锁;

● tx_buffer:发送 buffer;

● rx_buffer:接收 buffer;

● speed_hz:传输速度。

核心函数说明如下:

- mpu6500_ioctl 函数为 SPI 设备的全双工数据收发函数，其参数如下：
  - filp：文件 id；
  - cmd：收发命令；
  - arg：收发数据结构体。

然后介绍应用程序核心数据结构及函数，核心函数说明如下：

- transfer 函数用于 SPI 应用层全双工数据收发，其参数如下：
  - fd：打开的设备文件句柄；
  - tx：发送 buffer；
  - rx：接收 buffer；
  - len：收发长度。

（5）实验步骤

该实验程序包含 app_mpu6500.c、spi_mpu6500.c 及 Makefile 三个文件，实验步骤如下：

① 进入 spi/gyroscope 源码路径，修改 Makefile 文件并保存。

```
cd spi/gyroscope/
ls
vim Makefile
```

② 编译源码生成编译文件，如图 5 - 33 编译后生成驱动 spi_mpu6500.ko 及应用 app_mpu6500 可执行文件。

```
make
ls
```

```
Phytium@buaa:~/chillipi$ cd spi/gyroscope/
Phytium@buaa:~/chillipi/spi/gyroscope$ ls
app_mpu6500.c  Makefile  spi_mpu6500.c
Phytium@buaa:~/chillipi/spi/gyroscope$ vim Makefile
Phytium@buaa:~/chillipi/spi/gyroscope$ make
make -C /home/Phytium/chillipi/phytium-linux-kernel M=`pwd` modules
make[1]: 进入目录"/home/Phytium/chillipi/phytium-linux-kernel"
  CC [M]  /home/Phytium/chillipi/spi/gyroscope/spi_mpu6500.o
  Building modules, stage 2.
  MODPOST 1 modules
  CC      /home/Phytium/chillipi/spi/gyroscope/spi_mpu6500.mod.o
  LD [M]  /home/Phytium/chillipi/spi/gyroscope/spi_mpu6500.ko
make[1]: 离开目录"/home/Phytium/chillipi/phytium-linux-kernel"
aarch64-linux-gnu-gcc -lpthread -o app_mpu6500 app_mpu6500.c
Phytium@buaa:~/chillipi/spi/gyroscope$ ls
app_mpu6500    Makefile       Module.symvers  spi_mpu6500.ko     spi_mpu6500.mod.o
app_mpu6500.c  modules.order  spi_mpu6500.c   spi_mpu6500.mod.c  spi_mpu6500.o
```

图 5 - 33 编译结果（3）

③ 拷贝编译结果到 NFS 网络文件系统路径。

```
cp app_mpu6500 spi_mpu6500.ko ~/nfsroot
```

④ 通过运行双椒派 NFS 网络挂载路径运行程序进行验证。

运行陀螺仪数据读取程序，运行结果如图 5 - 34 所示。运行期间可以翻转实验板或移动实验板，观察数据变化。

| insmod spi_mpu6500.ko | 装载驱动程序 |
| ./app_mpu6500 /dev/mpu6500.1.0 | 运行应用程序 |

```
root@E2000-Ubuntu:/mnt# mount -t nfs 192.168.2.102:/home/Phytium/nfsroot /mnt
root@E2000-Ubuntu:/mnt# insmod spi_mpu6500.ko
root@E2000-Ubuntu:/mnt# ./app_mpu6500 /dev/mpu6500.1.0
accelerometer(x,y,z)    = 0.05, -0.02, 1.41
gyroscope(x,y,z)        = 2.93, 1.46, 0.00
temprature(t)           = 31.40 ◆°C

accelerometer(x,y,z)    = 0.07, -0.02, 1.40
gyroscope(x,y,z)        = 3.11, 1.16, -1.22
temprature(t)           = 31.40 ◆°C

accelerometer(x,y,z)    = 0.07, -0.03, 1.42
gyroscope(x,y,z)        = 2.87, 1.40, 0.85
temprature(t)           = 31.40 ◆°C

accelerometer(x,y,z)    = 0.05, -0.02, 1.39
gyroscope(x,y,z)        = 2.80, 1.46, -0.18
temprature(t)           = 31.54 ◆°C

accelerometer(x,y,z)    = -0.18, -0.04, 1.17
gyroscope(x,y,z)        = 2.13, 0.91, 1.65
temprature(t)           = 31.30 ◆°C

accelerometer(x,y,z)    = 0.05, -0.01, 1.44
gyroscope(x,y,z)        = 2.13, 1.52, -0.12
temprature(t)           = 31.45 ◆°C

accelerometer(x,y,z)    = 0.01, 0.02, 1.41
gyroscope(x,y,z)        = 2.44, 1.52, -8.66
temprature(t)           = 31.45 ◆°C

accelerometer(x,y,z)    = 0.09, -0.03, 1.39
gyroscope(x,y,z)        = 4.88, 2.20, -1.52
temprature(t)           = 31.40 ◆°C
```

图 5 - 34　运行结果(1)

5.3.2　飞腾 E2000D SPI 总线 LCD 屏显示实验

(1) 实验目的

① 熟悉 SPI 总线通信原理;

② 熟悉显示芯片驱动原理;

③ 熟悉飞腾 E2000D 平台 SPI 驱动及应用开发编程。

(2) 实验设备

① 双椒派实验开发板;

② 外设模块板上的显示屏;

③ PC,Ubuntu20.04;

④ 连接 PC 和开发板的 USB 线。

(3) 硬件原理

本实验使用的 SPI 总线是 E2000D 的 SPI0,硬件原理如图 5 - 35 和图 5 - 36 所示。

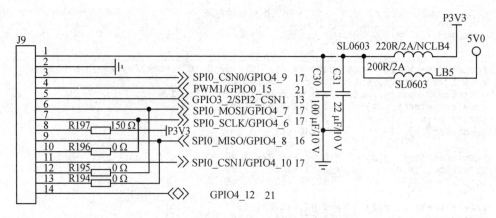

图 5 − 35　飞腾 E2000D SPI 总线 LCD 屏显示实验硬件原理(1)

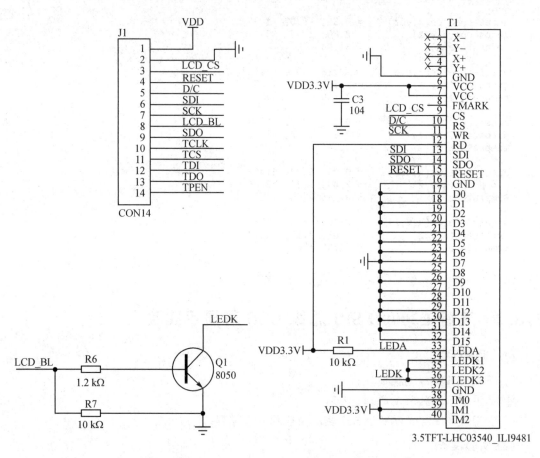

图 5 − 36　飞腾 E2000D SPI 总线 LCD 屏显示实验硬件原理(2)

　　E2000D 通过 SPI0 接口与 3.5 in LCD 显示屏模块通信。如图 5 − 35 所示,双椒派开发板给 3.5 in LCD 显示屏模块提供 5.0 V 电源,E2000D 的 SPI0 对应信号连接 LCD SPI 接口对应信号,注意数据线输入/输出的对应关系。E2000D SPI0 片选信号使用 CSN0。

（4）程序设计

本程序使用设备树匹配方式设计驱动程序,匹配属性字段如下:

```
compatible = "ilitek,ili9488";
```

设备树如下:

```
&spi0 {
    global - cs = <1>;
    status = "okay";

    ILI9488@0 {
        compatible = "ilitek,ili9488";
        reg = <0>;
        spi - max - frequency = <50000000>;

        rotate = <0>;
        fps = <30>;
        buswidth = <8>;
        regwidth = <8>;
        bgr;
        reset - gpios = <&gpio0 15 GPIO_ACTIVE_LOW>;
        dc - gpios = <&gpio3 2 GPIO_ACTIVE_LOW>;

        debug = <0>;
    };
};
```

驱动程序流程图如图 5 - 37 所示。

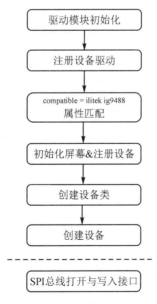

图 5 - 37　飞腾 E2000D SPI 总线 LCD 屏显示实验驱动程序流程图

首先介绍驱动程序核心数据结构及函数,核心数据结构如图 5 - 38 所示。

```
struct ili9488_par {
    struct spi_device *spi;
    struct platform_device *pdev;

    struct {
        void *buf;
        size_t len;
    } txbuf;

    struct {
        struct gpio_desc *reset;
        struct gpio_desc *dc;
    } gpio;
};
```

图 5-38 飞腾 E2000D SPI 总线 LCD 屏显示实验核心数据结构

成员说明如下：

● spi：spi 设备属性结构成员；

● pdev：内核平台设备管理数据结构成员；

● txbuf：spi 数据发送 buffer 成员；

● GPIO：LCD 屏复位、命令与数据选择成员。

驱动程序核心函数说明：

● ili9488_write_spi：spi 发送函数，参数如下：

  ■ par：发送设备对象；

  ■ buf：发送数据内容；

  ■ len：发送数据长度。

● Ili9488_write_vmem16_bus8：发送显示数据函数，参数如下：

  ■ par：描述屏幕的数据结构；

  ■ data：待发送的显示数据；

  ■ offset：数据偏移；

  ■ len：发送数据长度。

应用程序流程图如图 5-39 所示。

(5) 实验步骤

该实验程序包含 app_ili9488.c、spi_ili9488.c、Makefile、logo.h、ili9488_cmds.h、ili9488_regs.h、bmp.h7 个文件和 1 个 pic 目录，pic 目录下是实验中显示的图片（ILI9488 实验中使用的是 16bit rgb565 图片）。实验步骤如下：

① 进入 spi/lcd 源码路径，修改 Makefile 文件并保存。

```
cd spi/lcd/
ls
vim Makefile
```

② 编译源码生成编译文件，如图 5-40 编译后生成驱动 spi_ili9488.ko 及应用 app_ili9488 可执行文件。

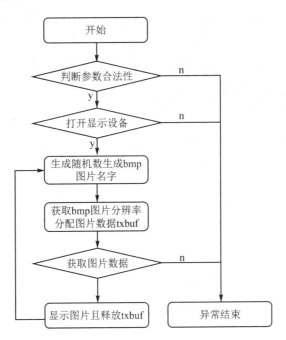

图 5 - 39　飞腾 E2000D SPI 总线 LCD 屏显示实验应用程序流程图

```
make
ls
```

```
Phytium@buaa:~/chillipi$ cd spi/lcd/
Phytium@buaa:~/chillipi/spi/lcd$ ls
app_ili9488.c  bmp.h  ili9488_cmds.h  ili9488_regs.h  logo.h  Makefile  pic  spi_ili9488.c
Phytium@buaa:~/chillipi/spi/lcd$ vim Makefile
Phytium@buaa:~/chillipi/spi/lcd$ make
make -C /home/Phytium/chillipi/phytium-linux-kernel M=`pwd` modules
make[1]: 进入目录"/home/Phytium/chillipi/phytium-linux-kernel"
  CC [M]  /home/Phytium/chillipi/spi/lcd/spi_ili9488.o
  Building modules, stage 2.
  MODPOST 1 modules
  CC      /home/Phytium/chillipi/spi/lcd/spi_ili9488.mod.o
  LD [M]  /home/Phytium/chillipi/spi/lcd/spi_ili9488.ko
make[1]: 离开目录"/home/Phytium/chillipi/phytium-linux-kernel"
aarch64-linux-gnu-gcc -lpthread -o app_ili9488 app_ili9488.c
Phytium@buaa:~/chillipi/spi/lcd$ ls
app_ili9488    ili9488_cmds.h  Makefile         pic            spi_ili9488.mod.c
app_ili9488.c  ili9488_regs.h  modules.order    spi_ili9488.c  spi_ili9488.mod.o
bmp.h          logo.h          Module.symvers   spi_ili9488.ko  spi_ili9488.o
```

图 5 - 40　编译结果(4)

③ 拷贝编译结果到 NFS 网络文件系统路径。

```
cp - rvf app_ili9488 spi_ili9488.kopic/ ~/nfsroot
```

④ 通过运行双椒派 NFS 网络挂载路径运行程序进行验证。

运行屏幕显示程序,运行结果如图 5 - 41 所示,注意观察屏幕显示变化。

```
rmmod spi_mpu6500.ko
insmod spi_ili9488.ko              装载驱动程序
./app_ili9488 /dev/ili9488        运行应用程序
```

```
root@E2000-Ubuntu:/mnt# mount -t nfs 192.168.2.102:/home/Phytium/nfsroot /mnt
root@E2000-Ubuntu:/mnt# rmmod spi_mpu6500.ko
root@E2000-Ubuntu:/mnt# insmod spi_ili9488.ko
[ 5939.434648] ilitek,ili9488 spi0.0: ili9488_probe start.
[ 5939.440000] ilitek,ili9488 spi0.0: master->bus_num = 0
[ 5939.445182] ilitek,ili9488 spi0.0: chip_select = 0
[ 5939.450017] ilitek,ili9488 spi0.0: bits_per_word = 8
root@E2000-Ubuntu:/mnt# ./app_ili9488 /dev/ili9488
file: pic/3.bmp
file: pic/9.bmp
file: pic/4.bmp
file: pic/4.bmp
file: pic/5.bmp
file: pic/5.bmp
file: pic/3.bmp
file: pic/3.bmp
file: pic/0.bmp
file: pic/0.bmp
file: pic/7.bmp
file: pic/7.bmp
file: pic/9.bmp
file: pic/9.bmp
file: pic/5.bmp
file: pic/5.bmp
file: pic/1.bmp
file: pic/1.bmp
file: pic/6.bmp
file: pic/6.bmp
file: pic/4.bmp
file: pic/4.bmp
```

图 5-41 运行结果(2)

5.3.3 飞腾 E2000D SPI 总线触摸屏实验

(1) 实验目的

① 熟悉 SPI 总线通信原理;

② 熟悉触控芯片驱动原理;

③ 熟悉飞腾 E2000D 平台 SPI 驱动及应用开发编程。

(2) 实验设备

① 双椒派实验开发板;

② 外设模块板上的显示屏及触控面板;

③ PC,Ubuntu20.04;

④ 连接 PC 和开发板的 USB 线。

(3) 硬件原理

本实验使用的 SPI 总线是 E2000D 的 SPI0,SPI0 同时连接 3.5 in LCD 显示芯片 ILI9488 和触控芯片 ADS7843,对应的片选分别为 CSN0 和 CSN1,硬件原理如图 5-42 和图 5-43 所示。

E2000D 通过 SPI0 接口与 3.5 in LCD 显示模块及其触控模块通信。如图 5-43 所示,双椒派开发板给 3.5 in LCD 显示模块供 5.0 V 电源,模块内部 LDO 分压到 3.3 V 供给 ADS7843。E2000D 的 SPI0 对应信号连接 LCD SPI 接口对应信号,注意数据线输入/输出的

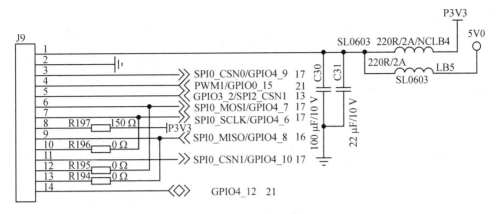

图 5 - 42　飞腾 E2000D SPI 总线触摸屏实验硬件原理(1)

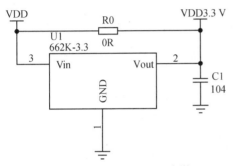

VDD=5 V, R1断开；VDD=3.3 V, R1短接

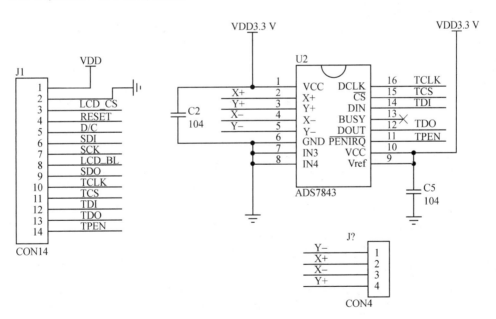

图 5 - 43　飞腾 E2000D SPI 总线触摸屏实验硬件原理(2)

对应关系。SPI0 对应 LCD ILI9488 显示芯片的片选信号是 CSN0,对应 ADS7843 触控芯片的片选信号使用 CSN1。

(4) 程序设计

本程序使用设备树匹配方式设计驱动程序,匹配属性字段如下:

```
compatible = "ti,ads7843";
```

设备树如下:

```
&spi0 {
    global - cs = <1>;
    status = "okay";

    ILI9488@0 {
        compatible = "ilitek,ili9488";
        reg = <0>;
        spi - max - frequency = <50000000>;

        rotate = <0>;
        fps = <30>;
        buswidth = <8>;
        regwidth = <8>;
        bgr;
        reset - gpios = <&gpio0 15 GPIO_ACTIVE_LOW>;
        dc - gpios = <&gpio3 2 GPIO_ACTIVE_LOW>;

        debug = <0>;
    };

    ADS7843@0 {
        compatible = "ti,ads7843";
        spi - max - frequency = <1000000>;
        reg = <1>;

        interrupt - parent = <&gpio4>;
        interrupts = <12 0>;
        pendown - gpio = <&gpio4 12 0>;

        ti,x - min = /bits/ 16 <0>;
        ti,x - max = /bits/ 16 <3200>;
        ti,y - min = /bits/ 16 <0>;
        ti,y - max = /bits/ 16 <4800>;
        ti,x - plate - ohms = /bits/ 16 <40>;
        ti,pressure - max = /bits/ 16 <255>;

        wakeup - source;
    };
};
```

需要说明,该实验使用的触摸芯片的驱动程序是 Linux 内核自带的 ads7846 触控驱动程序,兼容 ADS7843。

驱动程序流程图如图 5 - 44 所示。

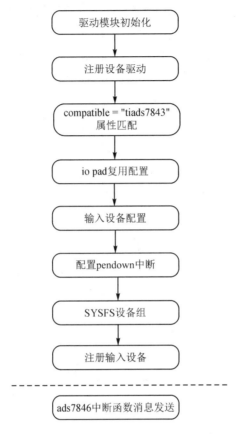

图 5 - 44　飞腾 E2000D SPI 总线触摸屏实验驱动程序流程图

应用程序流程图如图 5 - 45 所示。

(5) 实验步骤

该实验程序包含 app_ads7843. c、bmp. h、ili9488_cmds. h、ili9488_regs. h、logo. h、spi_ili9488. c、Makefile、spi_ili9488. sh8 个文件和 1 个 pic 目录,pic 目录下是实验中显示的图片(ILI9488 实验中使用的是 16 bit rgb565 图片)。实验步骤如下:

① 进入 spi/tp 源码路径,修改 Makefile 文件并保存。

```
cd spi/tp/
ls
vim Makefile
```

② 编译源码生成编译文件,如图 5 - 46 编译后生成驱动 spi_ili9488. ko 及应用 app_ads7843 可执行文件。

```
make
ls
```

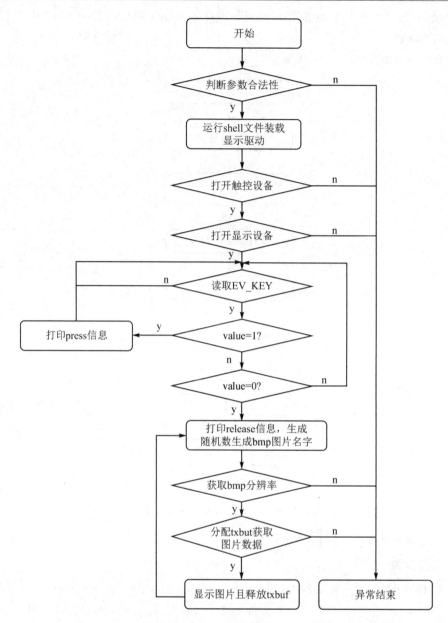

图 5 - 45　飞腾 E2000D SPI 总线触摸屏实验应用程序流程图

③ 拷贝编译结果到 NFS 网络文件系统路径。

```
cp - rvf app_ads7843 spi_ili9488.ko pic/ spi_ili9488.sh ~/nfsroot
```

④ 通过运行双椒派 NFS 网络挂载路径运行程序进行验证。

运行屏幕显示程序,运行结果如图 5 - 47 所示,点击屏幕,注意打印信息并观察屏幕显示变化。

```
insmod spi_ili9488.ko          装载驱动程序
./app_ads7843 /dev/input/event0 运行应用程序
```

```
Phytium@buaa:~/chillipi$ cd spi/tp/
Phytium@buaa:~/chillipi/spi/tp$ ls
app_ads7843.c  ili9488_cmds.h  logo.h              spi_ili9488.sh
bmp.h          ili9488_regs.h  Makefile  spi_ili9488.c
Phytium@buaa:~/chillipi/spi/tp$ vim Makefile
Phytium@buaa:~/chillipi/spi/tp$ make
make -C /home/Phytium/chillipi/phytium-linux-kernel M=`pwd` modules
make[1]: 进入目录"/home/Phytium/chillipi/phytium-linux-kernel"
  CC [M]  /home/Phytium/chillipi/spi/tp/spi_ili9488.o
  Building modules, stage 2.
  MODPOST 1 modules
  CC      /home/Phytium/chillipi/spi/tp/spi_ili9488.mod.o
  LD [M]  /home/Phytium/chillipi/spi/tp/spi_ili9488.ko
make[1]: 离开目录"/home/Phytium/chillipi/phytium-linux-kernel"
aarch64-linux-gnu-gcc -lpthread -o app_ads7843 app_ads7843.c
Phytium@buaa:~/chillipi/spi/tp$ ls
app_ads7843    ili9488_cmds.h  Makefile       pic            spi_ili9488.mod.c  spi_ili9488.sh
app_ads7843.c  ili9488_regs.h  modules.order  spi_ili9488.c  spi_ili9488.mod.o
bmp.h          logo.h          Module.symvers  spi_ili9488.ko  spi_ili9488.o
Phytium@buaa:~/chillipi/spi/tp$ cp -rvf app_ads7843 spi_ili9488.ko pic/ spi_ili9488.sh ~/nfsroot
'app_ads7843' -> '/home/Phytium/nfsroot/app_ads7843'
'spi_ili9488.ko' -> '/home/Phytium/nfsroot/spi_ili9488.ko'
'pic/5.bmp' -> '/home/Phytium/nfsroot/pic/5.bmp'
'pic/1.bmp' -> '/home/Phytium/nfsroot/pic/1.bmp'
'pic/4.bmp' -> '/home/Phytium/nfsroot/pic/4.bmp'
'pic/2.bmp' -> '/home/Phytium/nfsroot/pic/2.bmp'
'pic/0.bmp' -> '/home/Phytium/nfsroot/pic/0.bmp'
'pic/8.bmp' -> '/home/Phytium/nfsroot/pic/8.bmp'
'pic/9.bmp' -> '/home/Phytium/nfsroot/pic/9.bmp'
'pic/7.bmp' -> '/home/Phytium/nfsroot/pic/7.bmp'
'pic/3.bmp' -> '/home/Phytium/nfsroot/pic/3.bmp'
'pic/10.bmp' -> '/home/Phytium/nfsroot/pic/10.bmp'
'pic/logo-320-480.txt' -> '/home/Phytium/nfsroot/pic/logo-320-480.txt'
'pic/6.bmp' -> '/home/Phytium/nfsroot/pic/6.bmp'
'spi_ili9488.sh' -> '/home/Phytium/nfsroot/spi_ili9488.sh'
```

图 5 - 46　编译结果(5)

```
root@E2000-Ubuntu:/mnt# mount -t nfs 192.168.2.102:/home/Phytium/nfsroot /mnt
root@E2000-Ubuntu:/mnt# insmod spi_ili9488.ko
insmod: ERROR: could not insert module spi_ili9488.ko: File exists
root@E2000-Ubuntu:/mnt# ./app_ads7843 /dev/input/event0
spi_ili9488 has loaded.
please press tp...

touch press
touch release
pic/2.bmp

touch press
touch release
pic/2.bmp

touch press
touch release
pic/0.bmp

touch press
touch release
pic/0.bmp

touch press
touch release
pic/2.bmp

touch press
touch release
pic/1.bmp
```

图 5 - 47　运行结果(3)

5.4 异常处理

本节主要介绍基于飞腾 CPU 的接口开发实验中可能出现的异常及处理方法。

5.4.1 装载驱动模块冲突段异常

实验中使用一个 I2C 控制器驱动两个 I2C 设备,为了教学方便,分别写了设备驱动代码,同时装载两个设备驱动导致此冲突。为避免该错误,请注意 i2c_pcf8591.ko 驱动及 i2c_sh1106.ko 驱动模块不能同时装载,在装载二者中任一个驱动模块前卸载掉另一个驱动模块。

```
root@E2000-Ubuntu:/mnt/bupt/bin# insmod i2c_pcf8591.ko
root@E2000-Ubuntu:/mnt/bupt/bin# insmod i2c_sh1106.ko
[ 2082.881973] Unable to handle kernel NULL pointer dereference at virtual address 0000000000000000
[ 2082.894506] Mem abort info:
[ 2082.897397]   ESR = 0x96000004
[ 2082.900536]   Exception class = DABT (current EL), IL = 32 bits
[ 2082.906489]   SET = 0, FnV = 0
[ 2082.909877]   EA = 0, S1PTW = 0
[ 2082.913267] Data abort info:
[ 2082.916201]   ISV = 0, ISS = 0x00000004
[ 2082.920031]   CM = 0, WnR = 0
[ 2082.923241] user pgtable: 4k pages, 48-bit VAs, pgdp = 000000006b5297b7
[ 2082.930036] [0000000000000000] pgd = 0000000000000000
[ 2082.935285] Internal error: Oops: 96000004 [#1] PREEMPT SMP
[ 2082.940858] Modules linked in: i2c_sh1106(O+) i2c_pcf8591(O) rpcsec_gss_krb5 rfkill te_
crypto crc32_ce crct10dif_ce sm3_ce sm3_generic sha3_ce sha3_generic sha512_ce sha512_arm64 snd_soc_
pmdk_dp snd_soc_simple_card snd_soc_simple_card_utils dh_generic ecdh_generic des_generic snd_soc_
hdmi_codec snd_soc_phytium_i2s uio_pdrv_genirq uio ip_tables x_tables [last unloaded: spi_ili9488]
[ 2082.974594] Process insmod (pid: 2842, stack limit = 0x00000000e55c38fd)
[ 2082.981292] CPU: 1 PID: 2842 Comm: insmod Tainted: G           O      4.19.246-phytium-
embeded #1
[ 2082.990154] Hardware name: E2000D CHILLIPI (DT)
[ 2082.994676] pstate: 60000005 (nZCv daif -PAN -UAO)
[ 2082.999468] pc : sh1106_probe+0xbc/0x29c [i2c_sh1106]
[ 2083.004514] lr : sh1106_probe+0xbc/0x29c [i2c_sh1106]
[ 2083.009555] sp : ffff00000d22b960
[ 2083.012860] x29: ffff00000d22b960 x28: 0000000000000100
[ 2083.018165] x27: ffff000000e21280 x26: ffff000008167f80
[ 2083.023470] x25: 0000000000000020 x24: ffff000000e211b8
[ 2083.028774] x23: ffff000000e1f374 x22: ffff000000e21000
[ 2083.034078] x21: ffff000000e20040 x20: ffff000000e21580
[ 2083.039382] x19: ffff000000e21060 x18: 0000000000000020
[ 2083.044686] x17: 0000000000000000 x16: 0000000000000000
```

```
[ 2083.049990] x15: ffffffffffffffff x14: 4d00363031316873
[ 2083.055294] x13: 0000000000000040 x12: 0000000000000030
[ 2083.060598] x11: 0101010101010101 x10: 7f7f7f7f7f7f7f7f
[ 2083.065902] x9 : 0000000000000000 x8 : ffff801fdd991200
[ 2083.071206] x7 : 0000000000000000 x6 : 00000000003dca80
[ 2083.076510] x5 : ffff801fdd991b00 x4 : ffff801ffffb0f60
[ 2083.081814] x3 : 00000000003dcac0 x2 : 0000000000000000
[ 2083.087118] x1 : 0000000000000000 x0 : 0000000000000000
[ 2083.092421] Call trace:
[ 2083.094864]   sh1106_probe + 0xbc/0x29c [i2c_sh1106]
[ 2083.099566]   i2c_device_probe + 0x280/0x2fc
[ 2083.103571]   really_probe + 0x248/0x3b0
[ 2083.107226]   driver_probe_device + 0x54/0xf0
[ 2083.111314]   __driver_attach + 0x104/0x120
[ 2083.115230]   bus_for_each_dev + 0x70/0xcc
[ 2083.119057]   driver_attach + 0x20/0x30
[ 2083.122626]   bus_add_driver + 0x164/0x20c
[ 2083.126456]   driver_register + 0x74/0x120
[ 2083.130287]   i2c_register_driver + 0x48/0xc0
[ 2083.134381]   sh1106_init + 0x20/0x30 [i2c_sh1106]
[ 2083.138908]   do_one_initcall + 0x50/0x160
[ 2083.142740]   do_init_module + 0x48/0x254
[ 2083.146484]   load_module + 0x1c70/0x22a0
[ 2083.150227]   __se_sys_finit_module + 0xd4/0xec
[ 2083.154491]   __arm64_sys_finit_module + 0x18/0x20
[ 2083.159016]   el0_svc_common + 0x70/0x170
[ 2083.162760]   el0_svc_handler + 0x2c/0x80
[ 2083.166503]   el0_svc + 0x8/0x740
[ 2083.169555] Code: 52800004 910fa000 d2800202 95cb15aa (f9400000)
[ 2083.175645] ---[ end trace 60b98f17ccdc6932 ]---
Segmentation fault
```

若冲突已经发生,或出现如上错误,则响应的驱动不能使用,需要重新给设备上电重启系统再做实验。

5.4.2　MMC 卡系统制作

学习资料中的 MMC 文件夹提供了编译好的系统内核与文件系统镜像文件,如果使用过程中 MMC 卡系统出现意外损坏,可以使用该内核及文件系统镜像文件恢复 MMC 系统。

资料中 MMC 文件夹内容说明如下:

```
├── mmc
│   ├── sda1
│   │       e2000d-chillipi-board.dtb          # 设备树文件
│   │       Image                              # 内核镜像文件
│   │
│   └── sda2
│           rootfs-4.19-no-toolset.tar         # 未安装 ai 工具集文件系统镜像
│           rootfs-4.19-with-toolset.tar       # 已安装 ai 工具集文件系统镜像
```

　　资料提供了未安装 ai 工具集和已安装 ai 工具集的两种文件系统。方便学习者根据 ai 学习文档及自身需求自行选择。

　　下面介绍制作 MMC 卡系统的方法说明。

　　① MMC 卡插入主机读卡器。

```
jasen@mbxp:~ $ ls/dev/sd *
/dev/sda   /dev/sda1   /dev/sda2   /dev/sda5   /dev/sdb   /dev/sdb1
```

　　② 对 MMC 卡分两个区。

```
jasen@mbxp:~ $ sudo fdisk /dev/sdb
[sudo] password for jasen:

Welcome to fdisk (util-linux 2.34).
Changes will remain in memory only, until you decide to write them.
Be careful before using the write command.

Command (m for help): d
Selected partition 1
Partition 1 has been deleted.

Command (m for help): d
No partition is defined yet!

Command (m for help): n
Partition type
    p   primary (0 primary, 0 extended, 4 free)
    e   extended (container for logical partitions)
Select (default p): p
Partition number (1-4, default 1): 1
First sector (2048-62333951, default 2048):
Last sector, +/-sectors or +/-size{K,M,G,T,P} (2048-62333951, default 62333951): +512 M

Created a new partition 1 of type 'Linux' and of size 512 MiB.
Partition #1 contains a ext4 signature.

Do you want to remove the signature? [Y]es/[N]o: y

The signature will be removed by a write command.

Command (m for help): n
Partition type
    p   primary (1 primary, 0 extended, 3 free)
    e   extended (container for logical partitions)
Select (default p): p
```

```
Partition number (2 - 4, default 2):
First sector (1050624 - 62333951, default 1050624):
Last sector, + / - sectors or + / - size{K,M,G,T,P} (1050624 - 62333951, default 62333951):

Created a new partition 2 of type Linux and of size 29.2 GiB.

Command (m for help): w
The partition table has been altered.
Calling ioctl() to re - read partition table.
Syncing disks.
```

③ 格式化磁盘。

```
jasen@mbxp:~ $ ls /dev/sd *
/dev/sda   /dev/sda1   /dev/sda2   /dev/sda5   /dev/sdb   /dev/sdb1   /dev/sdb2
jasen@mbxp:~ $ sudo mkfs.ext4 /dev/sdb1
mke2fs 1.45.5 (07 - Jan - 2020)
Creating filesystem with 131072 4k blocks and 32768 inodes
Filesystem UUID: 1fed66d9 - 0566 - 4114 - 948b - 48298bb51d83
Superblock backups stored on blocks:
        32768, 98304

Allocating group tables: done
Writing inode tables: done
Creating journal (4096 blocks): done
Writing superblocks and filesystem accounting information: done

jasen@mbxp:~ $ sudo mkfs.ext4 /dev/sdb2
mke2fs 1.45.5 (07 - Jan - 2020)
Creating filesystem with 7660416 4k blocks and 1916928 inodes
Filesystem UUID: 2fcd1743 - 2458 - 4ea9 - abfe - 05f96e55da2a
Superblock backups stored on blocks:
        32768, 98304, 163840, 229376, 294912, 819200, 884736, 1605632, 2654208,
        4096000

Allocating group tables: done
Writing inode tables: done
Creating journal (32768 blocks): done
Writing superblocks and filesystem accounting information: done
```

④ 挂载 sdb1 复制内核及设备树(路径根据实际情况修改)。

```
jasen@mbxp:~ $ sudo mount /dev/sdb1 /mnt/
jasen@mbxp:~ $ sudo cp chillipi/Image /mnt/
jasen@mbxp:~ $ sudo cp chillipi/e2000d - chillipi - board.dtb /mnt/
jasen@mbxp:~ $ ls /mnt/
e2000d - chillipi - board.dtb   Image   lost + found
jasen@mbxp:~ $ sudo umount /mnt
```

⑤ 挂载 sdb2 复制根文件系统(路径根据实际情况修改)。

```
jasen@mbxp:~ $ sudo mount /dev/sdb2 /mnt/
jasen@mbxp:~ $ ls /mnt/
lost + found
jasen@mbxp:~ $ sudo cp − rf chillipi/rootfs − 4.19 − xxx − toolset.tar /mnt
jasen@mbxp:~ $ cd /mnt
jasen@mbxp:/mnt $ sudo tar xf rootfs − 4.19 − xxx − toolset.tar
jasen@mbxp:/mnt $ cd ~
jasen@mbxp:~ $ sudo umount /mnt
```

思考与练习

1. 请编写程序实现 OLED 屏幕显示文字的功能。

2. 请参考《双椒派扩展板使用说明书.pdf》理解开发板套件的 AD/DA 传感器硬件原理，编写程序实现如下功能：根据光敏传感器获取的环境光亮度情况，动态更改全彩 LED 的红色和绿色灯的亮度状态，环境光亮度与 LED 亮度相反，即环境光越亮 LED 越暗，环境光越暗 LED 越亮。

3. 请参考《双椒派扩展板使用说明书.pdf》理解开发板套件的 MPU6500 6 轴陀螺仪硬件原理，编写程序实现如下功能：将 MPU6500 6 轴陀螺仪的角速度值输出到 OLED 显示。

4. 请编写程序实现 LCD 屏幕显示文字的功能。

5. 请编写程序实现触摸 LCD 屏幕则显示不同文字的功能。

第6章 基于飞腾 CPU 的人工智能应用案例

本章主要介绍基于飞腾 CPU 的人工智能应用案例,包括 FastDeploy 的安装、加速棒的安装及使用等内容,并完成一个目标检测实验。

6.1 FastDeploy 预编译版本的安装

FastDeploy 是百度开发的一款开源推理套件。它提供主流产业场景和 SOTA 模型端到端的部署,以及多端部署的统一开发体验。

6.1.1 准备环境

① 将 AI 环境的安装包目录 ai 拷贝到/home/user/buaa 下,在/home/user/buaa/ai 下的目录结构如图 6-1 所示。

```
user@E2000-Ubuntu:~/buaa/ai$ ls -al
total 211372
drwxr-xr-x 3 user user      4096 Aug  3 10:52 .
drwxrwxr-x 3 user user      4096 Aug  3  2023 ..
-rw-r--r-- 1 root root      6148 Aug  3 10:52 .DS_Store
-rw-r--r-- 1 user user      4096 Aug  3 10:51 ._.DS_Store
-rw-r--r-- 1 root root  40699275 Aug  3 10:52 Archiconda3-0.2.3-Linux-aarch64.sh
-rw-r--r-- 1 user user  49416229 Aug  3 10:52 cmake-3.25.1-linux-aarch64.sh
-rw-r--r-- 1 user user  43958773 Aug  3 10:52 compiled_fastdeploy_sdk.zip
-rw-r--r-- 1 user user  39050370 Aug  3 10:51 fastdeploy_python-1.0.2-cp37-cp37m-linux_aarch64.whl
-rw-r--r-- 1 user user  41211126 Aug  3 10:51 infer_engine.zip
drwxr-xr-x 6 root root      4096 Aug  3 10:52 lab
-rw-r--r-- 1 user user   2064688 Aug  3 10:51 pip-23.1.2-py3-none-any.whl
-rw-r--r-- 1 user user       322 Aug  3 10:51 readme.txt
```

图 6-1　ai 目录结构

② 环境准备,我们需要安装 archiconda,cmake,C++,脚本如下所示。

```
# 安装 archiconda
cd /home/user/buaa/ai
# 赋予文件可执行权限程度
chmod + x Archiconda3 - 0.2.3 - Linux - aarch64.sh
# 安装 Archiconda,提示需要 enter 的地方就回车,需要选 yes|no 的地方就输入 yes
sh ./Archiconda3 - 0.2.3 - Linux - aarch64.sh
# 安装 cmake
chmod + xcmake - 3.25.1 - linux - aarch64.sh
sudo sh ./cmake - 3.25.1 - linux - aarch64.sh
sudo ln - sf /home/user/buaa/ai/cmake - 3.25.1 - linux - aarch64/bin/ * /usr/bin/
# 安装 C ++
sudo apt - get install g ++
```

6.1.2　安装 FastDeploy C++版本

本次课程和实验提供预编译版本的 FastDeploy C++ SDK,用户只需要解压相应的压缩包即可。

```
cd /home/user/bupt/ai
unzip compiled_fastdeploy_sdk.zip
cd compiled_fastdeploy_sdk
ls - alh
```

预编译版本的 FastDeploy C++目录结构如图 6-2 所示。

```
user@E2000-Ubuntu:~/buaa/ai/compiled_fastdeploy_sdk$ ls -alh
total 156K
drwxr-xr-x 7 user user 4.0K Jan 14  2023 .
drwxr-xr-x 6 user user 4.0K Aug  4 04:37 ..
-rw-r--r-- 1 user user  14K Dec 27  2022 FastDeploy.cmake
-rw-r--r-- 1 user user  520 Dec 27  2022 FastDeployConfig.cmake
-rw-r--r-- 1 user user  12K Dec 27  2022 LICENSE
-rw-r--r-- 1 user user  84K Dec 27  2022 ThirdPartyNotices.txt
-rw-r--r-- 1 user user    6 Dec 27  2022 VERSION_NUMBER
drwxr-xr-x 8 user user 4.0K Jan 14  2023 examples
-rw-r--r-- 1 user user 1.3K Dec 27  2022 fastdeploy_init.sh
drwxr-xr-x 3 user user 4.0K Jan 14  2023 include
drwxr-xr-x 2 user user 4.0K Jan 14  2023 lib
drwxr-xr-x 3 user user 4.0K Jan 14  2023 third_libs
drwxr-xr-x 2 user user 4.0K Jan 14  2023 utils
-rw-r--r-- 1 user user 2.8K Dec 27  2022 utils.cmake
```

图 6-2　预编译版本的 FastDeploy C++目录结构

6.2　深度卷积网络

6.2.1　深度卷积网络基础

1. 深度卷积神经网络的由来

卷积网络的灵感来自生物过程,因为神经元之间的连接模式类似于动物视觉皮层的组织。单个皮层神经元只在被称为感受野的视野的有限区域对刺激做出反应。不同神经元的感受野部分重叠,从而覆盖整个视野。

在深度学习流行以前,传统的机器视觉领域多采用特征提取的方式来解决各种任务,人们发明了大量的滤波器,用这些滤波器来提取各种特征。如图 6-3 所示是两种用于提取边缘特征的滤波器。

我们可以看到,这些滤波器的参数,都是人们根据业务特征精心设计的,那么,当我们面临不同场景的不同需求的时候,如何能自动地确定这些滤波器的参数呢? 这时候,人们发现利用深度神经网络,根据任务的目标做反向传播可以很好地解决这个问题,于是就开始了深度卷积神经网络的发展。

提取垂直边缘　　　　　　　　　　　　提取水平边缘

$$\begin{bmatrix} -1, 0, 1 \\ -2, 0, 2 \\ -1, 0, 1 \end{bmatrix}$$

$$\begin{bmatrix} 1, 2, 1 \\ 0, 0, 0 \\ -1, 2, -1 \end{bmatrix}$$

图 6-3　用于提取边缘特征的滤波器

2. 深度卷积神经网络的主要组件

(1) 卷　积

卷积层是深度卷积网络的核心构件,卷积操作占了整个深度神经网络计算量的 90% 以上。卷积操作接收一个输入,在核函数的作用下,产生一个输出。这里的输入可能是图片,或者是其他卷积操作产生的输出,如图 6-4 所示。

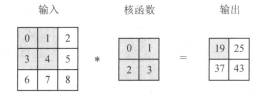

图 6-4　卷积层示意图

在二维互相关运算中,卷积窗口从输入张量的左上角开始,从左到右、从上到下滑动。当卷积窗口滑动到新一个位置时,包含在该窗口中的部分张量与卷积核张量进行按元素相乘,得到的张量再求和得到一个单一的标量值,由此我们得出了这一位置的输出张量值。在如上例子中,输出张量的四个元素由二维互相关运算得到。一般来说,在卷积操作后会在输出的每一个点上作用一个激活函数(当前通常是 ReLu 函数),输出的数据一般是激活后的输出。

(2) 池　化

池化,也被称作是下采样,通过降维,减少输入中的参数数量。与卷积层类似,池化窗口也是从张量的左上角开始,从左到右,从上到下滑动,对感受野内的值应用聚合函数,填充输出数组。池化主要有最大池化和平均池化两种类型。

- 最大池化:当过滤器在输入中移动时,它会选择具有最大值的像素发送到输出数组。这种方法往往更频繁地使用。
- 平均池化:当滤波器在输入中移动时,它计算感受野内的平均值,将其发送到输出阵列。

池化操作可以降低复杂性,提升效率,减少过拟合的可能。如图 6-5 展示了最大池化和平均池化。

3. 深度卷积神经网络的发展脉络

参考图 6-6 来看深度卷积神经网络的发展脉络,其深度越来越深,宽度越来越宽,为了解决梯度消失问题,引入了残差网络、模块化,则越来越标准。

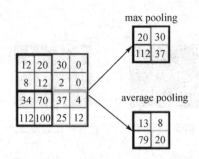

图 6-5 最大池化和平均池化示意图

	年代	意义	
ResNet	2016	1. 模块化 2. 残差网络 3. 更深	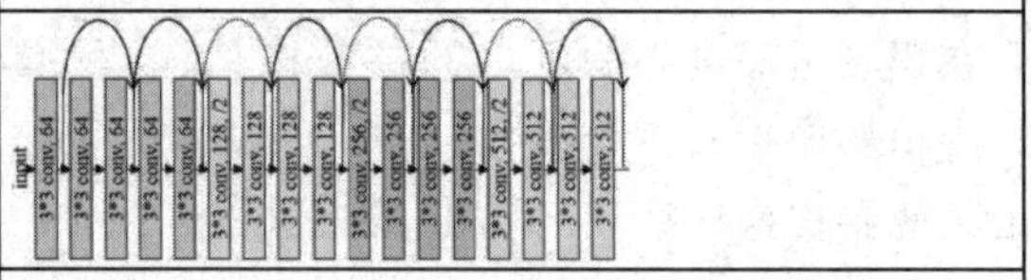
GoogLeNet	2014	1. 模块化 2. 加宽加深	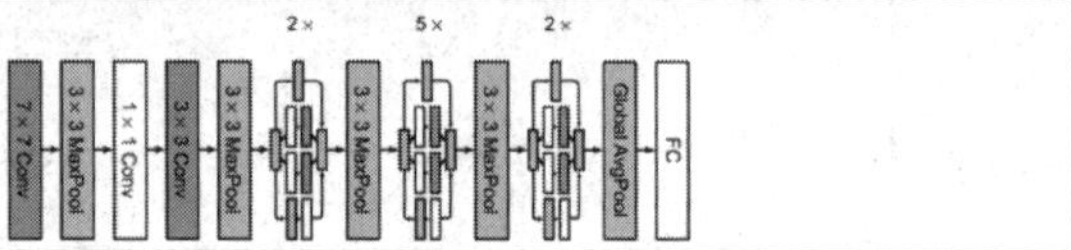
VGG	2014	1. 模块化 2. 深度	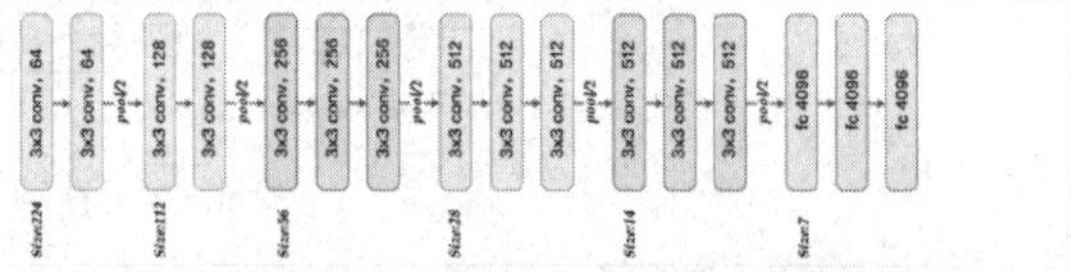
AlexNet	2012	1. 卷积网络特征提取 2. 当时的state of art	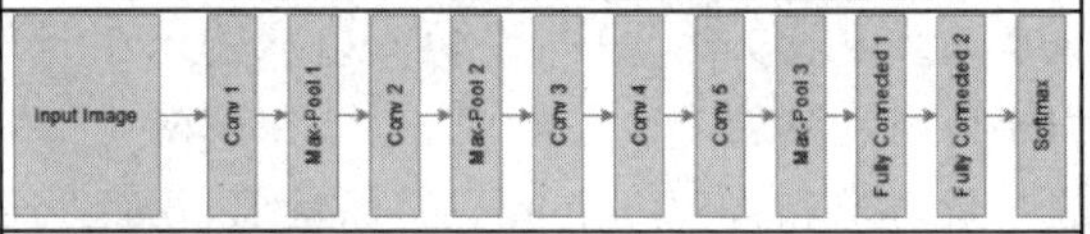
Lenet	1998	1. 梯度下降的成功 2. 卷积网络结构雏形	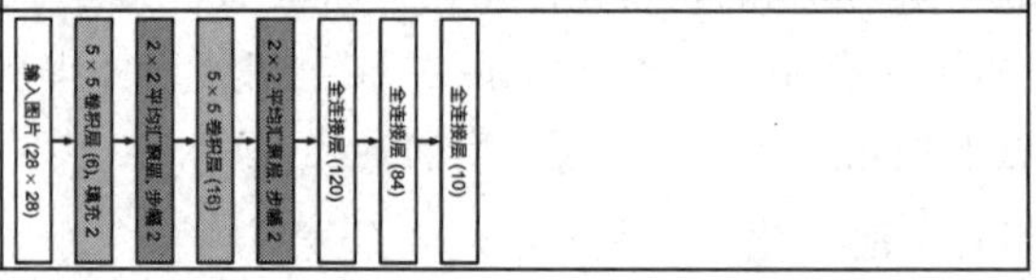

图 6-6 深度卷积神经网络的发展脉络

（1）LeNet

LeNet 是由 Yann Lecun（2018 年图灵奖得主，CNN 的缔造者）创造的 CNN 经典网络，是卷积神经网络史上的开篇之作。基于梯度的学习算法（反向传播算法）的成功，首次将反向传播算法应用于实际领域。CNN 结构的网络结构被证明在图形图像领域优于以往任何算法。Conv＋ReLU＋MaxPool 的组合已经是现代的结构了。

从宏观上来说，该模型分为两部分：两个卷积模块，三个全连接层，如图 6-7 所示。其中每个卷积块中的基本单元是一个卷积层、一个 sigmoid 激活函数和平均汇聚层。请注意，虽然 ReLU 和最大汇聚层更有效，但它们在 20 世纪 90 年代还没有出现。每个卷积层使用卷积核和一个 sigmoid 激活函数。这些层将输入映射到多个二维特征输出，通常同时增加通道的数量。第一卷积层有 6 个输出通道，而第二个卷积层有 16 个输出通道。每个池操作（步幅 2）通过空间下采样将维数减少到 1/4。卷积的输出形状由批量大小、通道数、高度、宽度决定。为了将卷积块的输出传递给稠密块,我们必须在小批量中展平每个样本。换言之,我们将这个四维输入转换成全连接层所期望的二维输入。这里的二维表示的第一个维度索引小批量中的样本,第二个维度给出每个样本的平面向量表示。LeNet 的稠密块有三个全连接层,分别有 120、84 和 10 个输出。因为我们在执行分类任务,所以输出层的 10 维对应于最后输出结果的数量。

(2) AlexNet

AlexNet 具有划时代的意义,2012 年,AlexNet 在 LSVRC 比赛中赢得了冠军。LSVRC(大规模视觉识别挑战赛)是一项竞赛,研究团队在一个庞大的标记图像数据集(ImageNet)上评估他们的算法,并竞争在几个视觉识别任务上实现更高的准确性。AlexNet 比第二名高十几个百分点,它开启了深度学习在计算机视觉领域广泛应用的大门。

该体系结构由 8 层组成:5 个卷积层和 3 个完全连接层,如图 6 - 8 所示。但这并不是 AlexNet 的特殊之处,其特别之处是以下卷积神经网络新方法:

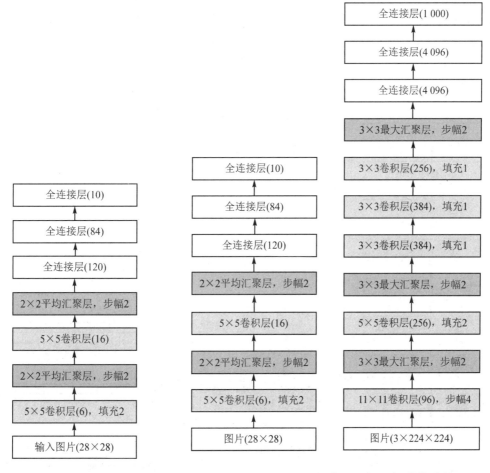

图 6 - 7　LeNet 结构示意图　　　　图 6 - 8　LeNet(左)与 AlexNet(右)结构对比

- ● ReLU 激活:AlexNet 使用整流线性单元(ReLU),而不是当时的标准 tanh 函数,也不同于 Lenet 的 Sigmoid。ReLU 的优势在于训练时间;使用 ReLU 的 CNN 能够在 CIFAR-10 数据集上达到 25% 的误差,其速度是使用 tanh 的 CNN 的 6 倍。

- 多 GPU：在那个时代，GPU 仍然拥有 3 GB 的内存（如今，这些类型的内存将是新手数字）。这尤其糟糕，因为训练集有 120 万张图像。AlexNet 允许通过将模型的一半神经元放在一个 GPU 上，另一半放在另一个 GPU 上来进行多 GPU 训练。这不仅意味着可以训练更大的模型，而且还减少了训练时间。
- 最大池化、重叠池化：传统上，细胞神经网络"汇集"相邻神经元组的输出，没有重叠。然而，当作者引入重叠时，他们发现误差减少了约 0.5%，并发现具有重叠池的模型通常更难过度拟合。
- 数据增强：克服过拟合的技巧，使用保留标签的转换来使他们的数据更加多样化。具体来说，他们生成了图像平移和水平反射，这将训练集增加了 2 048 倍。他们还对 RGB 像素值进行了主成分分析（PCA），以改变 RGB 通道的强度，从而将前一错误率降低了 1% 以上。dropout 这项技术包括以预定的概率（例如 50%）"关闭"神经元。这意味着每次迭代都使用不同的模型参数样本，迫使每个神经元都具有更强大的特征，可以与其他随机神经元一起使用。然而，丢弃也增加了模型收敛所需的训练时间。

从 AlexNet 开始，人们采用卷积神经网络用卷积层代替了以往传统的特征提取方式（SIFT、SURF）使 GPU 加速。

(3) VGG

前面的 Lenet 与 AlexNet 的层数是 7 层和 11 层，VGG 达到了 19 层，如图 6-9 所示。

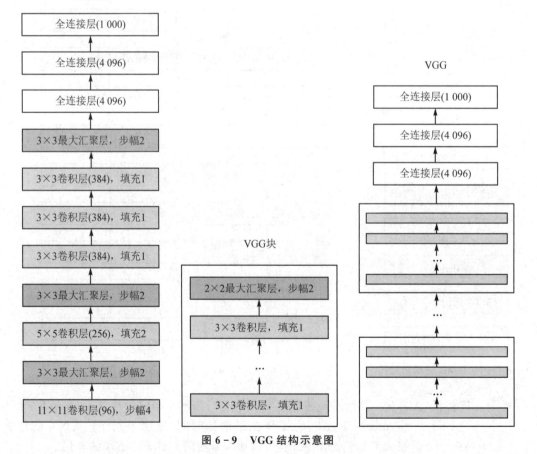

图 6-9　VGG 结构示意图

VGG 的主要贡献包括:提出了模块化、积木化的设计思路,通过使用循环和子程序,可以很容易地在任何现代深度学习框架的代码中实现这些重复的架构。VGG 块由一系列卷积层组成,后面再加上用于空间下采样的最大汇聚层。在最初的 VGG 论文中 (Simonyan and Zisserman,2014),作者使用了带有卷积核、填充为1(保持高度和宽度)的卷积层,以及带有汇聚窗口、步幅为2(每个块后的分辨率减半)的最大汇聚层。

从理论上和实践上证明了 3 个 3×3 的卷积核可以代替一个 7×7 的卷积核,2 个 3×3 的卷积核可以代替 5×5 的卷积核。

(4) GoogleNet

GoogLeNet 是一个 22 层的深度卷积神经网络,如图 6-10 所示,是谷歌研究人员开发的深度卷积网络 Inception network 的变体。

GoogleNet 的主要亮点为在 GoogLeNet 中,基本的卷积块被称为 Inception 块(Inception block)。这很可能得名于电影《盗梦空间》(Inception),因为电影中的一句话"我们需要走得更深"("We need to go deeper"),Inception 块由四条并行路径组成。前三条路径使用窗口大小为 1×1,3×3 和 5×5 的卷积层,从不同空间大小中提取信息。中间的两条路径在输入上执行卷积,以减少通道数,从而降低模型的复杂性。第四条路径使用最大汇聚层,然后使用卷积层来改变通道数。这四条路径都使用合适的填充来使输入与输出的高和宽一致,最后我们将每条线路的输出在通道维度上连接,并构成 Inception 块的输出。在 Inception 块中,通常调整的超参数是每层输出通道数,inception 模块结构如图 6-11 所示。

GoogLeNet 的重点是解决了什么样大小的卷积核最合适的问题。毕竟,以前流行的网络使用小到 1×1,大到 11×11 的卷积核。本文的一个观点是,有时使用不同大小的卷积核组合是有利的。

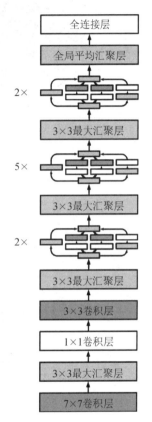

图 6-10　GoogleNet 结构示意图

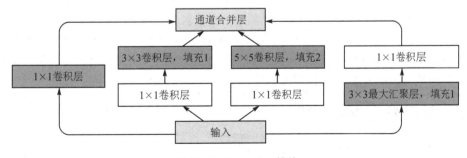

图 6-11　Inception 模块

(5) Resnet

Resnet 最重要的贡献是提出了残差网络,这里我们对残差网络的主要思想做一个简要的介绍:针对要解决的问题(例如图像分类),我们假设有一种确定了参数的神经网络,是"正确答案",这个"正确答案"需要在我们设计的神经网络中通过梯度下降的方式得到。那么,如图 6-12 所示,明显是嵌套函数类更能逼近我们需要的正确答案。ResNet 中提出的残差网络就是这样一类嵌套函数,残差块如图 6-13 所示。

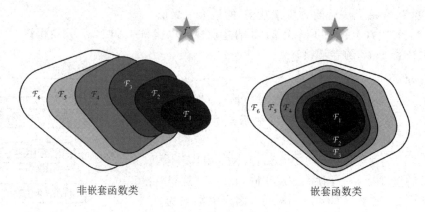

非嵌套函数类   嵌套函数类

图 6-12 非嵌套函数类与嵌套函数类对比

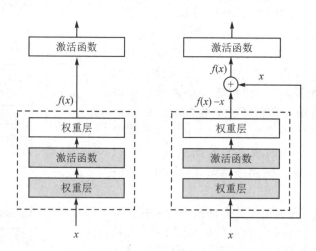

图 6-13 残差块结构

ResNet 沿用了 VGG 完整的卷积层设计。残差块里首先有 2 个相同输出通道数的卷积层。每个卷积层后接一个批量规范化层和 ReLU 激活函数。然后通过跨层数据通路,跳过这 2 个卷积运算,将输入直接加在最后的 ReLU 激活函数前。这样的设计要求 2 个卷积层的输出与输入形状一样,从而使它们可以相加。如果想改变通道数,就需要引入一个额外的卷积层来将输入变换成需要的形状后再做相加运算。

6.2.2 深度卷积网络实践

经过以上基础知识的学习,我们来进行一次深度卷积网络的实践,这里以基于 FastDepoy 环境的 ResNet 推理举例:

① 执行如下脚本:

```
cd /home/user/bupt/ai/compiled_fastdeploy_sdk
chmod + x fastdeploy_init.sh
./fastdeploy_init.sh
```

执行 fastdeploy_init.sh,这个命令的作用是设置 LD_LIBRARY_PATH 环境变量,该环境变量用于程序在运行阶段查找动态链接库,执行过程如图 6 - 14 所示。

```
user@E2000-Ubuntu:~/buaa/ai/compiled_fastdeploy_sdk$ chmod +x fastdeploy_init.sh
user@E2000-Ubuntu:~/buaa/ai/compiled_fastdeploy_sdk$ ./fastdeploy_init.sh
=============== Information =======================
FastDeploy Library Path: /home/user/buaa/ai/compiled_fastdeploy_sdk
Platform: Linux
=================================================
Find Library Directory: /home/user/buaa/ai/compiled_fastdeploy_sdk/third_libs/install/paddle2onnx/lib
Find Library Directory: /home/user/buaa/ai/compiled_fastdeploy_sdk/third_libs/install/opencv/lib
Find Library Directory: /home/user/buaa/ai/compiled_fastdeploy_sdk/third_libs/install/onnxruntime/lib
Find Library Directory: /home/user/buaa/ai/compiled_fastdeploy_sdk/third_libs/install/fast_tokenizer/lib
Find Library Directory: /home/user/buaa/ai/compiled_fastdeploy_sdk/lib
[Execute] Will try to export all the library directories to environments, if not work, please try to export these path by your self.
```

图 6 - 14　fastdeploy_init. sh 执行过程

注意执行. /fastdeploy_init. sh 时候最后打印出来提示语句"[Execute] Will try to export all the library directories to ......",如果后续在执行推理程序的时候,发现找不到链接文件,请执行下面一系列 export LD_LIBRARY_PATH 语句:

```
exportLD_LIBRARY_PATH = $ LD_LIBRARY_PATH:/home/user/buaa/ai/compiled_fastdeploy_sdk/third_libs/install/fast_tokenizer/lib
export LD_LIBRARY_PATH = $ LD_LIBRARY_PATH:/home/user/buaa/ai/compiled_fastdeploy_sdk/third_libs/install/onnxruntime/lib
export LD_LIBRARY_PATH = $ LD_LIBRARY_PATH:/home/user/buaa/ai/compiled_fastdeploy_sdk/third_libs/install/opencv/lib
export LD_LIBRARY_PATH = $ LD_LIBRARY_PATH:/home/user/buaa/ai/compiled_fastdeploy_sdk/third_libs/install/paddle2onnx/lib
export LD_LIBRARY_PATH = $ LD_LIBRARY_PATH:/home/user/buaa/ai/compiled_fastdeploy_sdk/lib
```

② 记录下 C++ SDK 的路径/home/user/bupt/ai/compiled_fastdeploy_sdk/,这个路径后续编译 C++工程的时候会用到。

③ 切换到 resnet 目录下,该目录结构如图 6 - 15 所示。

```
cd /home/user/buaa/ai/compiled_fastdeploy_sdk/examples/vision/classification/resnet/cpp
ls - alh
```

```
user@E2000-Ubuntu:~/buaa/ai/compiled_fastdeploy_sdk$ cd examples/vision/classification/resnet/cpp/
user@E2000-Ubuntu:~/buaa/ai/compiled_fastdeploy_sdk/examples/vision/classification/resnet/cpp$ ls -alh
total 20K
drwxr-xr-x 2 user user 4.0K Jan 14  2023 .
drwxr-xr-x 4 user user 4.0K Jan 14  2023 ..
-rw-r--r-- 1 user user  447 Dec 27  2022 CMakeLists.txt
-rw-r--r-- 1 user user 2.9K Dec 27  2022 README.md
-rw-r--r-- 1 user user 3.0K Dec 27  2022 infer.cc
```

图 6 - 15　resnet 目录结构

④ 仔细阅读 README. txt,我们需要关注的地方如图 6 - 16 中框出来的位置所示。

ResNet C++部署示例

本目录下提供 infer.cc 快速完成 ResNet 系列模型在 CPU/GPU，以及 GPU 上通过 TensorRT 加速部署的示例。

在部署前，需确认以下两个步骤：

- i. 软硬件环境满足要求，参考 FastDeploy环境要求
- ii. 根据开发环境，下载预编译部署库和samples代码，参考 FastDeploy预编译库

以 Linux 上 ResNet50 推理为例，在本目录执行如下命令即可完成编译测试，支持此模型需保证 FastDeploy 版本 0.7.0 以上(x.x.x>=0.7.0)

```
mkdir build
cd build
# 下载FastDeploy预编译库，用户可在上文提到的`FastDeploy预编译库`中自行选择合适的版本使用
wget https://bj.bcebos.com/fastdeploy/release/cpp/fastdeploy-linux-x64-x.x.x.tgz
tar xvf fastdeploy-linux-x64-x.x.x.tgz
cmake .. -DFASTDEPLOY_INSTALL_DIR=${PWD}/fastdeploy-linux-x64-x.x.x
make -j

# 下载ResNet模型文件和测试图片
wget https://bj.bcebos.com/paddlehub/fastdeploy/resnet50.onnx
wget https://gitee.com/paddlepaddle/PaddleClas/raw/release/2.4/deploy/images/ImageNet/ILSVRC2012_val_00000010.jpeg


# CPU推理
./infer_demo resnet50.onnx ILSVRC2012_val_00000010.jpeg 0
# GPU推理
./infer_demo resnet50.onnx ILSVRC2012_val_00000010.jpeg 1
# GPU上TensorRT推理
./infer_demo resnet50.onnx ILSVRC2012_val_00000010.jpeg 2
```

图 6 - 16   resnet README. txt 文件

下面是整理好的代码，注意环境变量 FASTDEPLOY_INSTALL_DIR 是 C++ SDK 的路径。

```
# 创建编译环境
mkdir build
cd build
# 编译推理代码
cmake .. -
DFASTDEPLOY_INSTALL_DIR = /home/user/buaa/ai/compiled_fastdeploy_sdk/
make - j
# 下载 ResNet 模型文件和测试图片
wget https://bj.bcebos.com/paddlehub/fastdeploy/resnet50.onnx
wget https://gitee.com/paddlepaddle/PaddleClas/raw/release/2.4/deploy/images/ImageNet/ILSVRC2012_val_
00000010.jpeg
# CPU 推理
./infer_demo resnet50.onnx ILSVRC2012_val_00000010.jpeg 0
```

运行结果如图 6 - 17 所示。

```
[INFO] fastdeploy/runtime.cc(500)::Init Runtime initialized with Backend::ORT in Device::CPU.
ClassifyResult(
label_ids: 332,
scores: 0.825350,
)
```

图 6 - 17   resnet 运行结果

6.3 加速棒安装及使用

本节使用松科智能提供的 SKTPU1000 加速棒,该加速棒有 2 T 的算力。

6.3.1 准备环境

① 安装一些处理视频流、摄像头所必需的包。

```
sudo apt install libgstreamer1.0 - dev gstreamer1.0 - plugins - good gstreamer1.0 - plugins - bad
gstreamer1.0 - plugins - base
gstreamer1.0 - plugins - ugly libavcodec - extra gstreamer1.0 - libav libopencv - dev v4l - utils
cheese
```

② 将 infer_engine. zip 拷贝到根目录下并解压,其目录结构如图 6 - 18 所示。

```
cd /home/user/bupt/ai
sudo mv infer_engine.zip /
cd /
sudo unzip infer_engine.zip
lls - al
```

```
user@E2000-Ubuntu:/infer_engine$ ls -al
total 5948
drwxrwxrwx 12 user root     4096 Jan 31 09:47 .
drwxr-xr-x 22 root root     4096 Jan 31 09:42 ..
-rw-r--r--  1 root root     6148 Jul  4 2023 .DS_Store
drwxrwxrwx  5 user root     4096 Jan 31 09:42 CMakeFiles
-rwxr-xr-x  1 root root     5774 Jun 13 2023 CMakeLists.txt
drwxrwxrwx  2 user root     4096 Jan 31 09:47 bin
drwxr-xr-x  3 root root     4096 Jan 31 09:47 build
drwxrwxrwx  3 user root     4096 Jan 31 09:42 build.bk
-rwxr-xr-x  1 root root      138 Jun 13 2023 build.sh
-rwxr-xr-x  1 root root        0 Jan 31 09:47 desdk.log
drwxrwxrwx  5 user root     4096 Jun 13 2023 host_linux-armv8
-rw-r--r--  1 root root  5920588 Jun 13 2023 host_linux-armv8.tar.gz
drwxrwxrwx  5 user root     4096 Jun 13 2023 host_linux-x64
drwxrwxrwx  2 user root     4096 Jan 31 09:42 model
drwxrwxrwx  6 user root     4096 Jun 13 2023 opencv
-rw-r--r--  1 root root      333 Jun 30 2023 run.sh
drwxrwxrwx  2 user root     4096 Jan 31 09:42 src
-rwxr-xr-x  1 root root    85815 Jun 13 2023 ssd_infer_engine
drwxrwxrwx  2 user root     4096 Jan 31 09:42 tools
-rw-r--r--  1 root root      280 Jun 13 2023 usb.sh
-rwxr-xr-x  1 root root      141 Jan 31 09:46 usbprop.ini
```

图 6 - 18 infer_engine 目录结构

6.3.2　目标检测环境搭建

我们提供了一个基于摄像头的目标检测案例,该案例的搭建方式如下。双椒派有两个 USB3.0 插槽,如图 6 - 19 所示。在这两个 USB3.0 插槽中分别插入加速棒和摄像头,如图 6 - 20 所示。

图 6 - 19　双椒派 USB3.0 插槽

图 6 - 20　加速棒与摄像头连接至双椒派

执行下面命令,若执行成功,将看到如图 6 - 21 所示的提示。

```
su root
cd /infer_engine
♯检测加速棒存在并写入配置
sh tools/usbprob.sh 1 - F
```

```
root@E2000-Ubuntu:/infer_engine# sh tools/usbprop.sh 1 -F
success to create /infer_engine/usbprop.ini
```

图 6 - 21　加速棒成功写入配置

加载 uvcvideo 内核模块。

```
modprobe uvcvideo
```

接下来的操作需要连接显示器,在显示器下打开终端窗口运行。

```
su root
♯检查摄像头
cheese - d /dev/vidieo0
♯无论成功与否 ctrl + q 可以退出
cd /infer_engine
♯编译,该步骤可选,如果运行过一次了,后续就不需要运行了
./build.sh
sh run.sh
```

运行结果如图 6 - 22 所示,将鼠标移入视频内,按 Esc 键即可退出。

图 6 - 22　目标检测运行结果

出现错误时的处理流程如下:首先重新插拔加速棒,等待大概 10 s 后执行下面命令,结果如图 6 - 23 所示。

```
sh tools/usbprop.sh 1 - F
sh tools/reboot.sh
```

```
root@E2000-Ubuntu:/infer_engine# sh tools/reboot.sh
>>>>>> dev 0: success to send cmd "reboot"
```

图 6 - 23   出现错误时的处理结果

思考与练习

1. 深度卷积神经网络的结构是怎样的？

2. 卷积的概念是什么？

3. 池化的概念是什么？

4. 比较 LeNet、AlexNet、VGG、GoogleNet 和 ResNet 的优缺点。

参考文献

［1］东方证券.计算机行业深度报告:国产操作系统:布局全面加深,行业格局展开［EB/OL］. ［2024-12-25］. https://max. book118. com/html/2020/0406/6024133114002153. shtm.

［2］百度百科. 交叉编译［EB/OL］. ［2024-12-25］. https://baike. baidu. hk/item/％E4％ BA％A4％E5％8F％89％E7％BC％96％E8％AF％91/10916911.

［3］百度文库. 驱动简介［EB/OL］. ［2024-12-25］. https://wenku. baidu. com/view/8650 4865ddccda38376baf7c. html? _wkts_＝1735040473434.

［4］佚名. 深入理解 linux 系统的目录结构_LINUX_操作系统_脚本之家［EB/OL］. ［2024- 12-25］. https://www. jb51. net/LINUXjishu/151820. html.

［5］百度百科. 文件系统［EB/OL］. ［2024-12-25］. https://baike. baidu. hk/item/％E6％ 96％87％E4％BB％B6％E7％B3％BB％E7％BB％9F/4827215.

［6］百度文库. 应用程序驱动程序的区别［EB/OL］. ［2024-12-25］. https://wenku. baidu. com/view/d9573ec25fbfc77da269b1ba. html? _wkts_＝1735040542794.

［7］SENGUPTA A，YE Y，WANG R，etc. Going Deeper in Spiking Neural Networks: VGG and Residual Architectures［J/OL］. Frontiers in Neuroscience，2019，13.

［8］Allan. PC 操作系统［M/OL］. ［2024-12-25］. https://www. docin. com/p-232733964. html.

［9］ALOM M Z, TAHA T M, YAKOPCIC C, et al. The History Began from AlexNet: A Compre hensive Survey on Deep Learning Approaches［A/OL］. arXiv, 2018.

［10］M. Jones. Anatomy of the Linux kernel［EB/OL］. ［2024-12-25］. https://developer. ibm. com/articles/l-linux-kernel/.

［11］Love R. Linux 内核设计与实现［M］. 北京:机械工业出版社,2011.

［12］Linux 阅码场. 手把手教 Linux 驱动之字符设备架构详解-电子工程专辑［EB/OL］. ［2024-12-25］. https://www. eet-china. com/mp/a225132. html.

［13］Corbet J, Rubini A, Kroah-Hartman G. Linux Device Drivers［M］. 3rd ed. Sebastopol:O'Reilly Media，2005.